我家宝贝的烘焙点心

彭依莎 主编

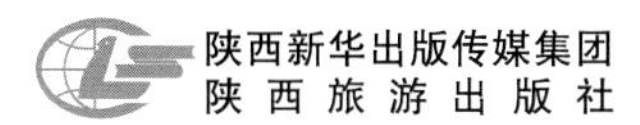

陕西新华出版传媒集团
陕西旅游出版社

图书在版编目（CIP）数据

我家宝贝的烘焙点心 / 彭依莎主编. — 西安 : 陕西旅游出版社, 2019.1
ISBN 978-7-5418-3646-6

Ⅰ. ①我… Ⅱ. ①彭… Ⅲ. ①烘焙－糕点加工 Ⅳ. ①TS213.2

中国版本图书馆CIP数据核字(2018)第113366号

我家宝贝的烘焙点心　　彭依莎 主编

责任编辑：贺　姗
摄影摄像：深圳市金版文化发展股份有限公司
图文制作：深圳市金版文化发展股份有限公司
出版发行：陕西新华出版传媒集团　陕西旅游出版社
（西安市曲江新区登高路1388号　邮编：710061）
电　　话：029-85252285
经　　销：全国新华书店
印　　刷：深圳市雅佳图印刷有限公司
开　　本：720mm×1020mm　1/16
印　　张：10
字　　数：120千字
版　　次：2019年1月　第1版
印　　次：2019年1月　第1次印刷
书　　号：ISBN 978-7-5418-3646-6
定　　价：35.00元

目录 Contents

烘焙点心的基础知识

奇趣烘焙动植物园

活用蔬果的健康点心

方便携带的烘焙礼物

不用烤箱也能做的甜点

Chapter 1 烘焙点心的基础知识

如果你想轻松制作出受宝贝们喜爱的小点心，

那你不得不知道这些知识。

快来看一看吧！

烘焙常用的原味面团

饼干常用面团和面包常用面团可以事先制作好，再放入冰箱冷藏，需要的时候直接取用，让制作更加方便快捷。

饼干常用的原味面团

材料

糖粉70克

无盐黄油120克

低筋面粉240克

鸡蛋1 个

奶粉15克

泡打粉2克

做法

1 将无盐黄油室温软化至可按压的状态。

2 将备好的糖粉过筛，与软化的黄油一起放入搅拌盆中，一起打发。

3 打发过程中要用刮刀将钢盆边缘的粉料和黄油刮下，打发至黄油呈现微白色。

4 将鸡蛋打散，分两三次加入到打发的黄油中，每次加入都要拌匀至蛋液完全吸收后才可加入下次蛋液。

5 将低筋面粉、奶粉、泡打粉一起过筛至黄油糊中。

6 搅拌成没有干粉的面团状，放入冰箱中冷藏备用即可。

面包常用的原味面团

材料

种面团：

高筋面粉170克

牛奶100毫升

酵母4克

主面团：

高筋面粉350克

奶粉13克

酵母6克

细砂糖79克

鸡蛋47克

牛奶106毫升

无盐黄油30克

盐6克

做法

1. 准备一个大盆，把种面团材料中的高筋面粉筛入后，加入牛奶和酵母，混匀。
2. 将面糊揉成圆球状，放入盆内，盖上保鲜膜，在室温28℃的室内发酵约1小时。
3. 将主面团材料中的高筋面粉、奶粉、酵母混合均匀后，用刮板开窝。
4. 将主面团中的牛奶、鸡蛋、细砂糖混合后，用手动打蛋器搅匀。
5. 将做法4的材料分次放入做法3的面粉窝中，用手将面团揉匀，成主面团。
6. 把种面团和主面团混合揉匀，压扁，加入室温软化的无盐黄油和盐，揉至黄油和盐完全被吸收，成为一个光滑的面团，盖上保鲜膜，在35℃的环境内发酵约20分钟，或者在常温中静置约40分钟即可。

如何健康“染”出漂亮的颜色

想要制作出吸引宝贝的点心，很重要的一点就是颜色漂亮。那么，不同颜色的面团是如何制作出来的呢？其实，除了可使用常见的抹茶粉、可可粉、草莓粉等，生活中很多常见的食材也能制作出健康漂亮的多色面团。

红色

想要获取漂亮的红色，可以将甜菜根榨汁过滤之后，与面团混合，就可以得到漂亮的红色面团。甜菜头因红艳如火，故又被称为火焰菜，而且它富含优质的铁和维生素B_{12}，营养丰富，是当仁不让的“补血神器”。

粉红色

用草莓、心里美萝卜都可以获得粉色。但是需要注意的是，每个心里美萝卜所含的花青素都不一样，所以做出来的面团有时候特别红亮，有时候也可能不是很红。选购的秘诀就是，一定要买新鲜的心里美萝卜，才能做出漂亮的颜色，如果心里美萝卜放置太久，色素减少，就会影响面团的着色度。

紫红色

苋菜或红心火龙果都可以获得紫红色。苋菜被称为“长寿菜”，苋菜中含有一种天然色素，叫作苋菜红，在苋菜加热之后，苋菜汁液所呈现出来的就是漂亮的紫红色。

橘色

从常见的南瓜、胡萝卜中就可以获得橘色。一般来说，胡萝卜色素的浓淡，视胡萝卜本身的色素含量的多少而定，有时候榨取的汁液会发黄，有时候橙色相对来说又会重一些。但是成熟南瓜的颜色一般都可以呈现为非常亮眼的橘色。

紫色

紫薯和紫甘蓝是最为常见的紫色蔬菜。紫薯可以蒸熟之后加入面团之中，也可以榨汁放入面团之中；而紫甘蓝则最好榨汁使用，因为紫甘蓝加热之后，它的颜色会偏蓝一些。

绿色

用菠菜或者其他绿叶蔬菜榨汁，一般都可以获得绿色，只是颜色深浅程度略有不同。当面团与蔬菜汁混合后就会呈现出漂亮的绿色，并且面团还会带有淡淡的蔬菜清香，独具风味。

棕色

想要做出棕色的面团，可以在制作面团的过程中，加入少许可可粉，揉匀之后，面团就可以成为棕色面团，用来制作动物的鼻子部分会十分形象。

黑色

想要做出黑色的面团，可以在制作面团的过程中，加入少许竹炭粉，揉匀之后，面团就可以成为黑色面团，一般可以用来制作小人的头发、领结等。

制作糖霜以及糖霜基本画法 

在装饰点心的时候，常常会用到糖霜。糖霜不仅可以为点心的外形加分，还能增添点心的风味。那么，如何制作糖霜，又如何用糖霜画出漂亮的线条呢？

糖霜做法

材料

蛋白粉10克

糖粉170克

水25~35毫升

各种食用色膏适量

做法

1 将蛋白粉和糖粉一起过筛到钢盆内，倒入备好的清水，用刮刀拌匀。

2 将拌匀的蛋白粉混合物放入搅拌机，搅拌至糖霜呈现光泽感、无颗粒且滑顺。

3 倒出搅拌均匀的糖霜糊，加入食用色膏调色，装入裱花袋内即可使用。

· 糖霜画直线

由左至右，水平慢慢腾空拉出线条，到达合适长度后，再往下收尾。

· 糖霜画曲线

由左往右慢慢拉出曲线，每画出一个小曲线，中间停顿一下，再继续画下个小曲线。

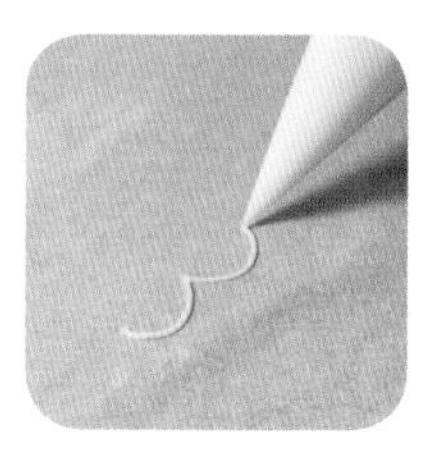

· 糖霜画水滴

先画出圆点后，力道由下往上慢慢变小，收尾即可成水滴造型。

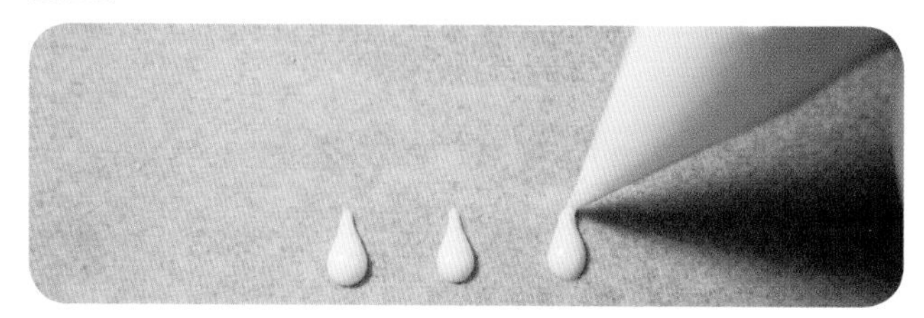

让宝贝的点心颜值加分的秘密法宝

点心要吸引宝贝的眼球，除了颜色丰富外，很重要的一点就是造型了。不管是萌萌的小兔子，还是帅气的小黄人，在各种模具的帮助下，你都能实现。

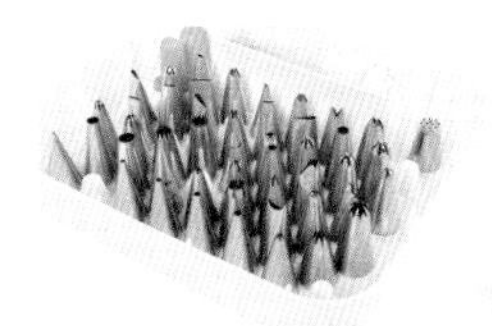

1 裱花袋和花嘴

可以用裱花袋和花嘴挤出各种造型的面糊，还可以用来装上巧克力液做装饰。裱花袋搭配不同的裱花嘴可以挤出不同的花形，可以根据需要购买。

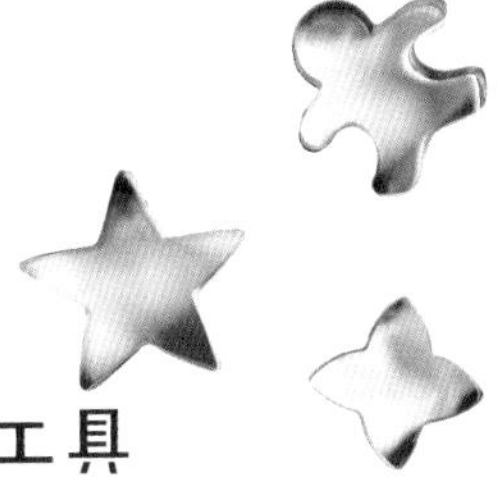

2 饼干压模工具

模具在市面上有多种款式和型号，常见的有长方形饼干模具、瓦片饼干模具、圆形压模工具等，可以根据自己的喜好自行购买。

3 蛋糕纸杯

蛋糕纸杯是可以放进烤箱烘烤的，并且不需要脱模的烘焙纸杯。使用时将蛋糕面糊直接注入纸杯中即可，烤好后可直接冷却、保存。制作者可选取宝贝喜爱或符合主题的纸杯样式，使点心更加可爱多样。

4 硅胶模具

硅胶模具经常被用于制作不同造型的巧克力和布丁，具有易脱模的特点，也可以用于制作蛋糕。硅胶可以承受230℃～240℃的高温。

5 挞、派模具

挞、派模具用于挞、派的制作，尺寸大小各不相同。有些有花纹，可以印出纹路，能更加吸引宝贝的注意。

Chapter 2

奇趣烘焙动植物园

简单的烘焙点心其实也可以造型多样，
可爱的小熊、萌萌的猴子，
还有精致的米奇和米妮，
小宝贝最喜欢了！

爱心巧克力小熊饼干

材料

低筋面粉…55克
可可粉…4克
糖粉…30克
无盐黄油…25克
盐…0.5克
泡打粉…0.5克
牛奶…5毫升
白巧克力…适量
彩色糖针…适量

做法

1 将无盐黄油用橡皮刮刀刮入大碗中，拌匀，将糖粉过筛到无盐黄油上，再加入盐，搅拌均匀，倒入牛奶，拌匀。
2 将可可粉、泡打粉、低筋面粉过筛至碗中，拌至无粉粒的状态，用手揉捏成面团，待用。
3 将面团擀成厚度约为0.8厘米的薄面皮。
4 用小熊模具按压面皮，呈现出小熊的轮廓，再用爱心模具在小熊旁边按压出“爱心”轮廓，再用保鲜膜包住整块面皮，移入冰箱冷藏5分钟后取出。
5 取烤盘，铺上油纸，将小熊面皮摆在油纸上，再将“爱心”面皮放在小熊上，用牙签戳出小熊的眼睛、鼻子、耳朵，移入预热至170℃的烤箱，烤10~12分钟。
6 将白巧克力装入碗中，隔水加热至熔化，装入裱花袋。
7 取出烤好的小熊饼干，将熔化的白巧克力液来回挤在“爱心”上，最后再放上一点彩色糖针点缀即可。

小狗奶香饼干

材料

低筋面粉…200克

糖粉…60克

奶粉…20克

无盐黄油…110克

蛋黄…2个

粉色巧克力笔…1支

黑色巧克力笔…1支

白色巧克力笔…1支

做法

1. 无盐黄油室温软化，加入糖粉，用电动打蛋器打至发白且呈蓬松羽毛状。
2. 分两次加入蛋黄继续搅打均匀，筛入低筋面粉和奶粉，用橡皮刮刀拌匀，揉成光滑的面团，放入保鲜袋中，再放入冰箱冷藏30分钟。
3. 取出面团，用擀面杖将面团擀成厚度为0.3厘米的面片。
4. 用模具在面片上压出小狗的形状，放入烤盘。
5. 烤箱调温至175℃，烤盘置于烤箱中层，烤约15分钟，以饼干上色为准。
6. 出烤箱，放凉后，用各色巧克力笔分别装饰出小狗的眼睛和身体的花纹，待巧克力晾干后，即可食用。

奶牛饼干

份数 6个

材料

低筋面粉…170克
可可粉…3克
香草精…3克
盐…1克
无盐黄油…60克
炼乳…100克

做法

1 无盐黄油室温软化后用打蛋器打至微微发白，呈蓬松羽毛状。

2 加入炼乳和香草精，拌匀，加入盐，低筋面粉过筛加入，用刮刀搅拌至粉类消失，揉成面团。

3 取出50克面团，加入可可粉，混合均匀，制成白、黑两种颜色的面团。

4 白色面团用擀面杖擀成厚度为0.3厘米的面片。

5 取大小不一的黑色面团均匀分布在白色面片上，擀平，并用奶牛模具压模。

6 用刮板辅助，将奶牛形状的面片放入烤盘。烤箱调温至180℃，将烤盘置于其中层，烘烤13分钟。出烤箱后即得到奶牛饼干。

狮子饼干

份数 5个

材料

低筋面粉…180克
鸡蛋液…40克
无盐黄油…100克
糖粉…80克
可可粉…10克
盐…2克
熔化的黑巧克力…少许

做法

1 将无盐黄油、糖粉、盐倒入大玻璃碗中，用橡皮刮刀翻拌均匀，倒入鸡蛋液，翻拌均匀。

2 将低筋面粉过筛至大玻璃碗里，拌匀成原味面团。

3 将原味面团一分为二，取出一半，倒入可可粉，翻拌均匀，制成可可面团。

4 将两种面团分别擀成厚薄一致的面皮，用花形饼干模具各按压出5个饼干坯，成原味饼干坯、可可饼干坯。

5 再用圆形饼干模具在可可饼干坯中间按压下去，取出环形的可可饼干坯。

6 烤盘铺上油纸，将可可环形饼干坯盖在原味饼干坯上，摆放在烤盘上，放入已预热至160℃的烤箱，烤15~18分钟。

7 取出烤好的饼干，放凉。将熔化的黑巧克力装入裱花袋里，在裱花袋尖端处剪一个小口，在饼干上画出狮子的眼睛、鼻子、嘴巴即可。

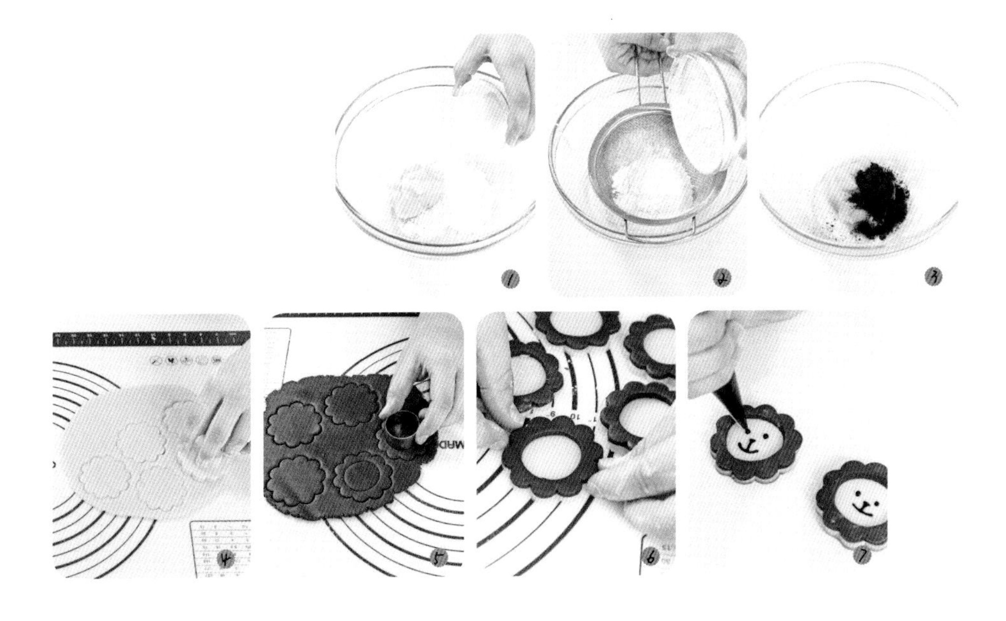

长颈鹿饼干

份数 8个

材料

原味饼干面团…150克
棕色糖霜…适量
白色糖霜…适量
黑色糖霜…适量
红色翻糖…适量
玉米粉…少许

做法

1. 取出备好的原味饼干面团，用擀面杖擀成厚度约为0.5厘米的面皮，再用长颈鹿模具压出形状。放入已预热的烤箱，以170℃烘烤约20分钟，至表面呈现金黄色，取出，完全放凉。
2. 用棕色糖霜画出长颈鹿的耳朵以及长颈鹿背上的鬃毛轮廓并填满，用牙签把表面不平整的地方抹平。
3. 用棕色糖霜画出长颈鹿的蹄子，用牙签把表面不平整的地方抹平。
4. 用棕色糖霜在身体上画出不规则的斑点，再用牙签抹平。
5. 用黑色糖霜画上眼睛，用白色糖霜画出嘴巴。
6. 白色糖霜完全干后，再用黑色糖霜点上鼻孔。
7. 在蝴蝶结硅胶翻模上撒上少许玉米粉，在蝴蝶结上填入红色翻糖，再将红色翻糖蝴蝶结脱模，用白色糖霜将蝴蝶结粘在脖子上即可。

姜饼人＆屋

份数
1组

材料

低筋面粉…175克
蛋黄…1个
无盐黄油…65克
细砂糖…75克
蜂蜜…12克
姜母粉…5克
肉桂粉…5克
苏打粉…2克
盐…0.5克
蛋白…2个
糖粉…适量

做法

1 将室温软化的无盐黄油、细砂糖倒入大玻璃碗中，用电动打蛋器搅打均匀，倒入盐、蜂蜜，搅打均匀，倒入蛋黄，搅打均匀。
2 将肉桂粉、低筋面粉、姜母粉、苏打粉过筛至碗里，用橡皮刮刀翻拌成无干粉的面团。
3 取出面团放在干净的操作台上，用擀面杖将其擀成厚薄一致的薄面皮。
4 用姜饼人模具在面皮上压出数个不同的造型（姜饼人和小房子组件），制成饼干坯。
5 取烤盘，铺上油纸，再放上饼干坯。
6 将烤盘放入已预热至180℃的烤箱中层，烤约12分钟。
7 将蛋白和糖粉倒入另一个大玻璃碗中，用电动打蛋器搅打至浓稠状。
8 取出烤好的饼干，放凉至室温，用打发蛋白连接饼干将其搭建成小房子，放在平底盘上，筛上一层糖粉，旁边再摆上姜饼人即可。

✿ 制作造型饼干的过程中，需要将压好形状的生坯挪动至烤盘中，但是生坯很容易在挪动的过程中断裂。所以我们可以借助刮板，先将2/3的生坯铲起，用手轻轻扶着，然后快速将整个移动至烤盘中，以保证饼干生坯的完整性。

蜘蛛趴趴

材料

低筋面粉…120克

无盐黄油…55克

糖粉…45克

鸡蛋液…30克

花生酱…90克

脆皮花生…适量

黑巧克力…适量

白巧克力…适量

做法

1. 将无盐黄油、花生酱倒入大玻璃碗中，用电动打蛋器搅打均匀。
2. 倒入糖粉，用橡皮刮刀翻拌均匀，再用电动打蛋器搅打均匀。
3. 分两次倒入鸡蛋液，用电动打蛋器搅打均匀。
4. 将低筋面粉过筛至碗里，用橡皮刮刀翻拌均匀成无干粉的面团。
5. 将面团分成20克一个的小面团，放在手掌里搓圆。
6. 取烤盘，铺上油纸，将搓圆的小面团放在油纸上，再逐一用手指在中间部分轻压一下。

- 放入冰箱冷藏是为了让面皮定型与松弛。
- 注意面团冷藏时要给它盖上保鲜膜或将其放入塑料袋，以免表面干燥结皮。
- 饼干坯放在烤盘上时，每个饼干坯间需留一些空间。

夏日西瓜饼干

材料

无盐黄油…80克

糖粉…40克

低筋面粉…130克

泡打粉…2克

奶粉…30克

盐…1克

鸡蛋液…30克

抹茶粉…8克

草莓粉…8克

黑芝麻…少许

做法

1 将无盐黄油、糖粉倒入大玻璃碗中，搅打均匀。

2 倒入盐，分两次倒入鸡蛋液，搅打匀，再将奶粉、泡打粉、低筋面粉过筛至碗里，翻拌匀成面团。

3 取三分之一的面团，加抹茶粉，揉匀成抹茶面团。

4 再取三分之一的面团，按扁后放上草莓粉，收口，再放入另一个小玻璃碗中，揉匀成草莓面团，搓成圆柱状。

5 将剩余面团取出，擀成厚薄一致的薄面皮，放上草莓面团，裹住，修剪一下两端。

6 取出抹茶面团，擀成薄面皮，裹上做法5的面团，修剪整齐，放入冰箱冷冻约2个小时至变硬。

7 取出冷冻好的面团，切片，表面按压上黑芝麻，对半切开，放入烤盘，再放入已预热至175℃的烤箱中层，烤约15分钟即可。

小熊面包

份数 4个

材料

低筋面粉…110克

高筋面粉…25克

细砂糖…25克

无盐黄油…15克

牛奶…50毫升

酵母粉…2克

鸡蛋液…35克

盐…1克

蛋黄液…适量

黑巧克力…适量

做法

1 将高筋面粉、低筋面粉、细砂糖倒入搅拌盆中，搅拌均匀。

2 将酵母粉、牛奶倒入小玻璃碗中，用手动打蛋器拌匀，再倒入做法1的混合物中，放入鸡蛋液，拌匀并揉成面团。

3 取出面团放在操作台上，反复将其按扁、揉扯拉长，再滚圆，按扁，放上无盐黄油、盐，揉搓至混合均匀，反复甩打面团至起筋，再滚圆。

4 摘取12个重为5克一个的小剂子，搓圆，制成小熊耳朵、鼻子。将剩余面团分成四等份，滚圆。

5 将大小面团按照小熊造型制作好，放入铺有油纸的烤盘上，再放入已预热至30℃的烤箱中层，发酵约30分钟，刷上一层蛋黄液。

6 将烤盘放入已预热至180℃的烤箱中层，烤约16分钟，取出。将熔化的黑巧克力装入裱花袋，用它在面包上点缀出小熊的眼睛、眉毛等造型即可。

小乌龟面包

份数 3个

材料

原味面包面团…210克
酥皮…2片
黑巧克力液…适量

做法

1. 分出3个40克的面团和3个10克的面团，分别做乌龟的壳和头。
2. 把其余面团分成每个5克的面团，共12个，作为乌龟的脚。
3. 取1个40克的面团放在案板上，取4个5克的面团，把乌龟的壳和4只脚拼凑起来。
4. 取一个10克的面团，捏成水滴状，作为乌龟的头拼在龟身上。
5. 在龟壳上贴一张大小合适的酥皮，用小刀把酥皮割成网状。剩余面团按以上步骤再做两个乌龟，把乌龟放在铺了油纸的烤盘上。
6. 将烤盘放入烤箱，以30℃发酵约15分钟，再调整烤箱温度至上火165℃、下火150℃，烤约15分钟，出炉。
7. 用黑巧克力液画上乌龟的眼睛，并涂黑乌龟的脚即可。

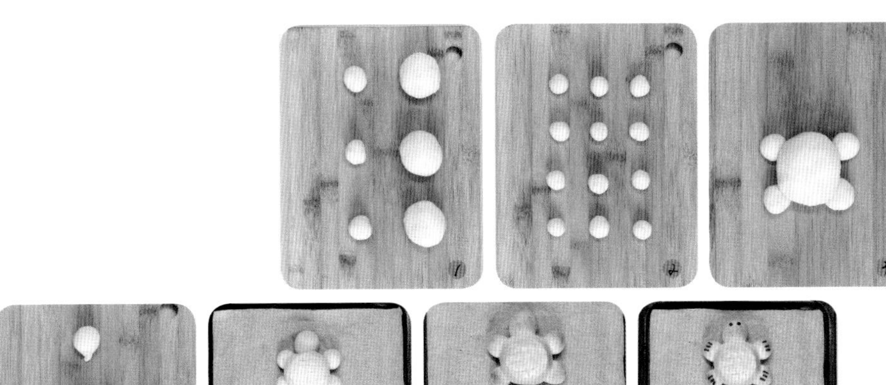

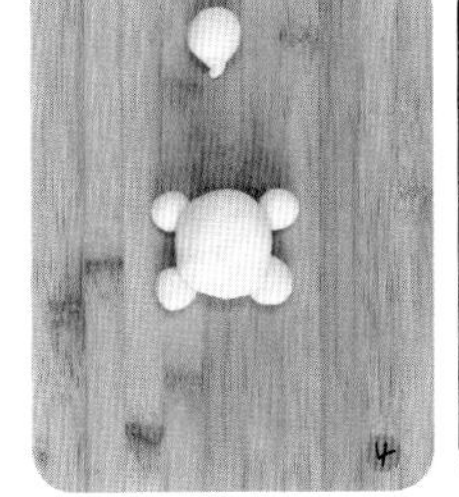

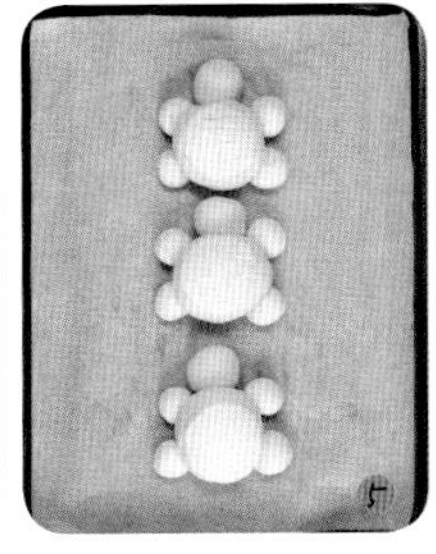

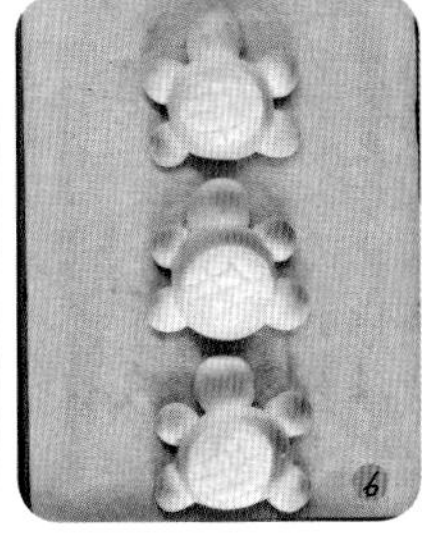

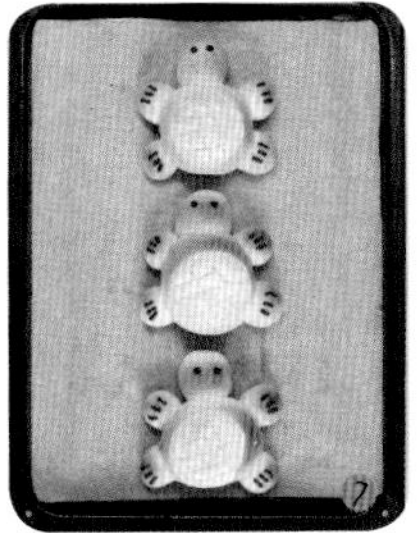

螃蟹面包

份数 3个

材料

原味面包面团…180克
白巧克力笔…1支
黑巧克力液…适量

做法

1 把面团用刮板分成每个60克的面团。取其中一个60克的面团分成两等份，分别作为螃蟹的外壳和脚，并搓成椭圆形。

2 取其中一个30克的椭圆形面团，用手指在中间压出一个凹陷，并把凹陷处搓细，把凹陷两端擀平。

3 用刮板把擀平的两端对半切开，呈4个半圆形，注意不要切断。

4 面团上侧用刮板切1个三角形，下侧面团切出2个长三角形，左右两侧相同，把螃蟹的钳子和脚摆成自然的形状。

5 把另外一个30克的椭圆形面团用擀面杖压扁，放在螃蟹的脚上作为它的壳，即成螃蟹。继续做出另外2个螃蟹。

6 将螃蟹放入温度30℃的烤箱内发酵约15分钟后，调整烤箱温度为上火170℃、下火160℃，烘烤约12分钟。

7 待面包冷却后，用白巧克力笔和黑巧克力液画上螃蟹的眼睛即可。

1

2

3

4

5

6

7

小猴子面包

材料

原味面包面团…240克

白巧克力笔…1支

黑巧克力液…1支

蛋液…适量

做法

1. 用刮板把面团分出3个50克的面团，并揉圆。剩下的面团分成每个15克的面团，并揉圆。
2. 把15克的面团分别放在50克的面团的两旁，作为猴子的耳朵。
3. 用喷雾器往面团表面喷少许水，盖上湿布室温发酵约20分钟。
4. 把发酵好的造型面团放在烤盘上，刷上少许蛋液。
5. 烤箱温度调至上火170℃、下火160℃，烤盘放入烤箱烤约15分钟至面包上色。
6. 取出烤好的面包，用白巧克力笔和黑巧克力液分别画上猴子的脸、眼睛、鼻子即可。

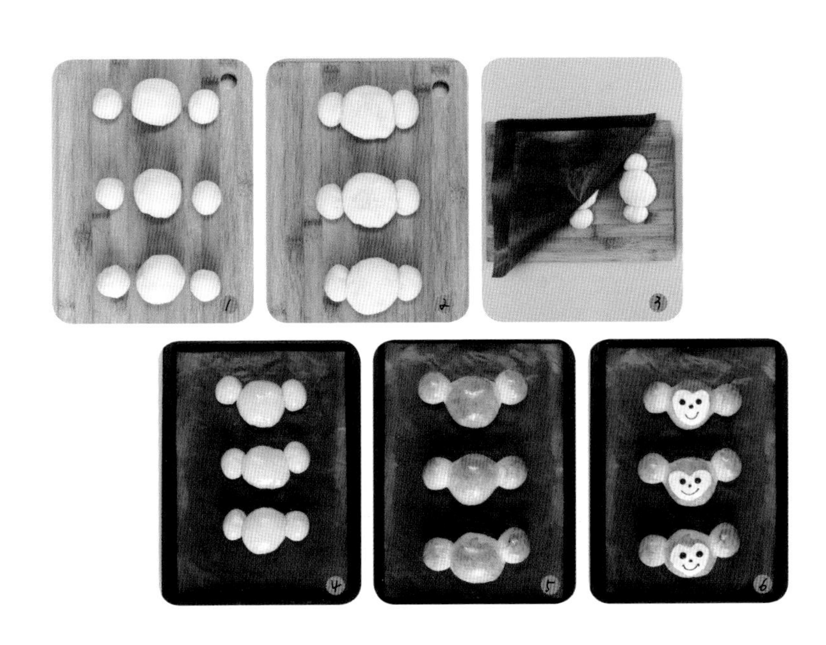

龙猫面包

份数 1个

材料

原味面包面团…170克
酥皮…1片
黑巧克力液…适量
白巧克力笔…1支

做法

1 从面团中分出150克的面团，揉成椭圆形，作为龙猫的身体。
2 把剩余面团分成2个10克的小面团，揉成长圆形作为龙猫的耳朵。
3 把耳朵和身体拼接起来，耳朵放在身体的下面，稍压一下以黏合。
4 往面团上喷点水，盖上湿布室温发酵约30分钟，用剪刀把酥皮剪成半圆形，盖在龙猫的肚子上。
5 用小刀把酥皮割成网格状。
6 把龙猫生坯放在烤盘上，以上火170℃、下火160℃烤20~25分钟，即可出炉。
7 用黑巧克力液和白巧克力笔画上龙猫的胡须、鼻子、肚皮和眼睛即可。

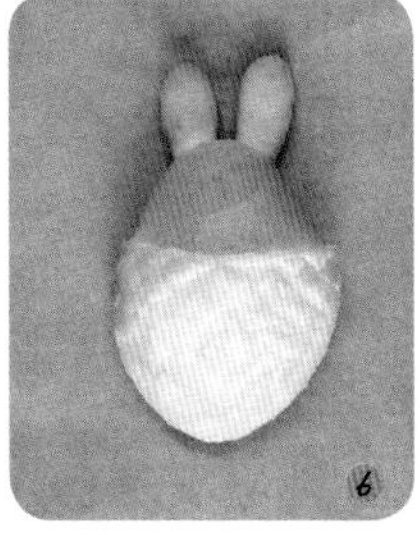

圣诞树面包

材料

原味面包面团…266克

蝴蝶结装饰…1个

糖粉…适量

蛋液…适量

做法

1 从面团中分出1个50克的面团，从剩余面团中分出6个32克的面团。

2 把32克的小面团揉圆依次摆成三角形，与50克的面团一起摆出一棵树的形状。

3 从剩余面团中分出1个24克的面团，放置在树的顶端。

4 烤盘铺上油布或油纸，将面团拼接起来，放置在烤盘上，用喷雾器喷上少许水，盖上湿布，室温发酵约30分钟。

5 面团表面刷上少许蛋液，放入烤箱，以上火180℃、下火160℃烤约16分钟，烤至表面上色。

6 取出烤好的面包，撒上少许糖粉，装饰上蝴蝶结即可。

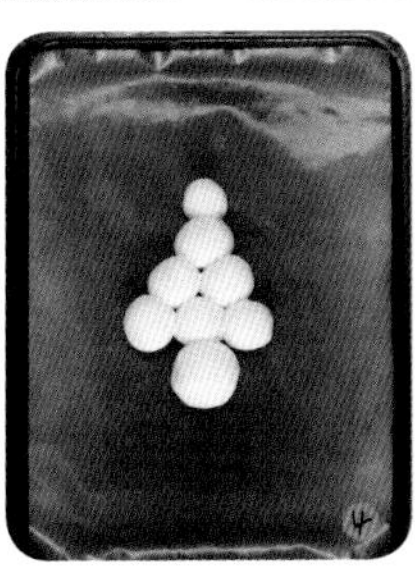
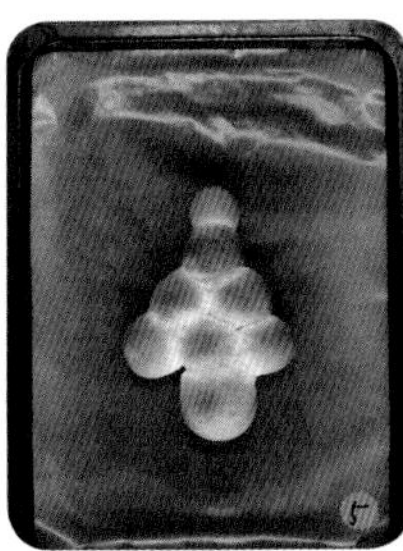
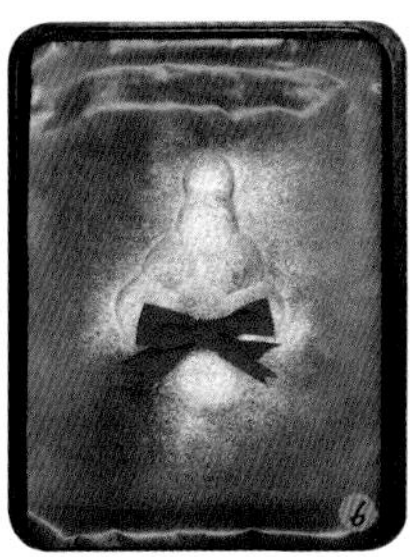

奶油狮子蛋糕

材料

中筋面粉…120克
泡打粉…3克
豆浆…125毫升
细砂糖…90克
盐…2克
植物油…35毫升
鸡蛋…1个
淡奶油…150克
橙汁…适量
竹炭粉…少许

做法

1 植物油加豆浆拌匀，加入盐及70克的细砂糖，继续拌匀，筛入中筋面粉及泡打粉，拌匀。
2 打入鸡蛋，拌至呈淡黄色面糊状。
3 将面糊装入裱花袋中，拧紧裱花袋口，尖端处剪一小口，挤入蛋糕纸杯至七分满。烤箱以上、下火170℃预热，将蛋糕纸杯放入烤箱，烤约20分钟。
4 将淡奶油放入新的搅拌盆，加入剩余细砂糖，快速打发。
5 将打发好的淡奶油分成三等份，其中两份分别滴入适量橙汁和竹炭粉，拌至呈鹰钩状，分别将三份装入裱花袋。
6 取出烤好的蛋糕，冷却后将黄色奶油挤在蛋糕四周呈圈状，作为狮子的毛发。
7 再用白色奶油在中间挤上狮子鼻子两旁的装饰，最后用黑色奶油挤上眼睛和鼻子即可。

猫头鹰杯子蛋糕

材料

低筋面粉…105克
泡打粉…3克
无盐黄油…80克
细砂糖…70克
盐…2克
鸡蛋…1个
酸奶…85克
黑巧克力…100克
奥利奥饼干…6块
M&M巧克力豆…适量

做法

1. 用手动打蛋器将无盐黄油打散，加入细砂糖和盐，搅打至微微发白，分三次加入打散的蛋液，拌匀，分两次倒入酸奶，拌匀。
2. 筛入低筋面粉及泡打粉，搅拌至无颗粒状，制成蛋糕面糊，装入裱花袋，拧紧裱花袋口。
3. 在裱花袋尖端处剪一小口，垂直以画圈的方式将蛋糕面糊挤入蛋糕纸杯至八分满。
4. 烤箱以上、下火170℃预热，将蛋糕纸杯放入烤箱，烤约20分钟，取出，放凉。
5. 用橡皮刮刀在蛋糕表面均匀抹上煮熔的黑巧克力酱。
6. 将每块奥利奥饼干分开，取夹心完整的那一片作为猫头鹰的眼睛，摆放好。
7. 用M&M巧克力豆作为猫头鹰的眼珠及鼻子，将剩余的奥利奥饼干从边缘切取适当大小，作为猫头鹰的眉毛即可。

蓝莓果酱花篮蛋糕

份数 6个

材料

鸡蛋…2个
鲜奶…25毫升
低筋面粉…50克
泡打粉…1克
盐…1克
炼奶…10克
蓝莓果酱…适量
细砂糖…50克
无盐黄油…80克
糖浆…20克

做法

1 将鸡蛋打入搅拌盆中，用电动打蛋器搅拌均匀。
2 加入细砂糖、盐打发至蓬松状态，此过程需隔水加热。
3 取出隔水加热锅，锅中倒入无盐黄油60克、鲜奶、炼奶，隔水加热搅拌均匀，再倒入到做法1的混合物中，继续搅打均匀至浓稠状。
4 筛入低筋面粉及泡打粉，充分搅拌均匀至成无颗粒的蛋糕糊。
5 蛋糕纸杯放入玛芬模具中。
6 将拌好的蛋糕糊均匀倒入纸杯中，至八分满。
7 放置片刻，稍微震动排出气泡。烤箱以上火170℃、下火160℃预热，将玛芬模具放入烤箱中层，全程烤约15分钟，出炉后倒扣、冷却，防止塌陷。
8 将无盐黄油20克及糖浆放入干净的搅拌盆中，用电动打蛋器快速打发，装入裱花袋中。在蛋糕体的四周挤上打发奶油，在中间铺上适量蓝莓果酱即可。

- 挤奶油时力度要均匀，这样挤出的花纹更美观。
- 搅拌面糊的力度不要过大，时间不要过长，以免产生筋度，影响蛋糕的口感。

哆啦A梦蛋糕

份数 1个

材料

低筋面粉…50克
鸡蛋…3个
细砂糖…40克
橄榄油…25毫升
牛奶…25毫升
淡奶油…300克
火龙果（切丁）…80克
可食用蓝色色素…适量
可食用黄色色素…适量
巧克力果膏…适量
红色果膏…适量

做法

1. 将鸡蛋、一半的细砂糖倒入大玻璃碗中，用电动打蛋器搅打均匀。
2. 倒入剩余的细砂糖，快速搅打至不易滴落的状态。
3. 将橄榄油倒入装有牛奶的碗中，放入微波炉加热20秒，取出待用。
4. 将低筋面粉过筛至鸡蛋碗里，用橡皮刮刀翻拌均匀至无干粉。
5. 倒入做法3的混合物，继续翻拌均匀，制成蛋糕糊。
6. 取蛋糕模具，倒入蛋糕糊，轻震几下，放入已预热至180℃的烤箱中层，烤约20分钟。

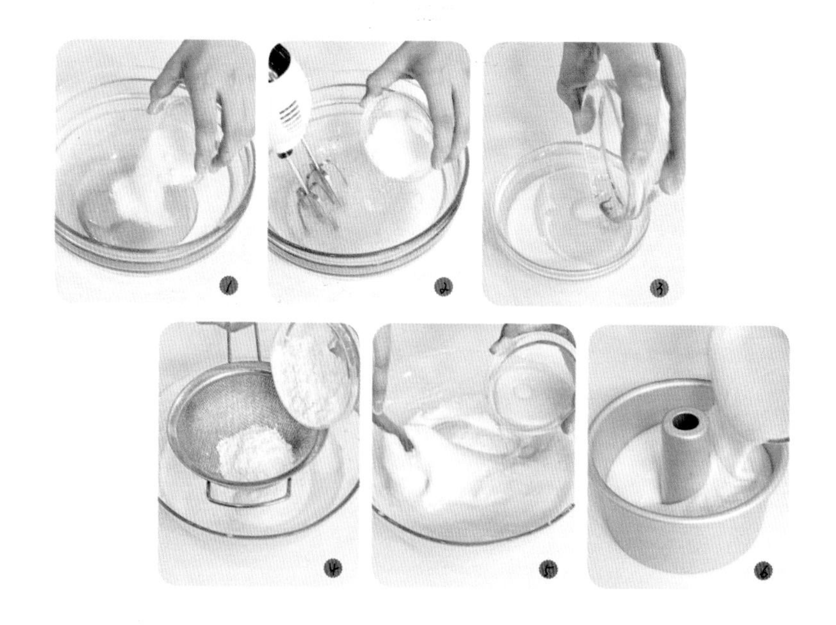

7 取出烤好的蛋糕，放凉至室温，再脱模，将蛋糕放在转盘上，用抹刀横着将蛋糕切成两片。

8 将淡奶油倒入大玻璃碗中，用电动打蛋器搅打至干性发泡。

9 其中一片蛋糕片上均匀涂抹上一层淡奶油，放上火龙果丁，抹匀。

10 盖上另一片蛋糕，将淡奶油均匀涂抹在蛋糕表面上。

11 用牙签和裱花嘴工具画出哆啦A梦的脸蛋。

12 将剩余淡奶油分成三份，一份加入适量蓝色色素拌匀，一份加入适量黄色色素拌匀。三份分别装入裱花袋里，用剪刀在裱花袋尖端处剪一个小口，即成原味淡奶油、蓝色淡奶油、黄色淡奶油。将三种淡奶油、红色果膏、巧克力果膏装饰在哆啦A梦图案上即可。

- 材料一定要搅拌均匀，这样做出的蛋糕口感更佳。
- 分次加入细砂糖可使蛋糕糊更细腻。
- 模具装满蛋糕糊后，轻轻震动几下，使蛋糕糊更加平整。

小熊提拉米苏

份数 3个

材料

嫩豆腐…100克
淡奶油…50克
细砂糖…35克
手指饼干…2根
鸡蛋…1个
热水…1勺
速溶咖啡粉…3克
防潮可可粉…适量
黑巧克力…适量
白巧克力…适量
入炉巧克力…6颗
纽扣巧克力…6颗

做法

1. 嫩豆腐表面铺上纸巾，压上重物，使豆腐的水分释出，捏碎豆腐，用打蛋器打成浓稠状。淡奶油放入搅拌盆，加入细砂糖，用电动打蛋器打发至呈鹰钩状。
2. 打发的淡奶油加入到碎豆腐中，搅拌均匀，打入一个鸡蛋，搅拌均匀，制成蛋糕糊，装入裱花袋。
3. 速溶咖啡粉用热水溶化。
4. 将手指饼干剪成适当大小，放入速溶咖啡液中浸润2秒，拿出。
5. 将裱花袋中的蛋糕糊挤入杯子蛋糕纸杯底部，放上沾了咖啡液的手指饼干。
6. 再挤上一层蛋糕糊。
7. 在表面筛上防潮可可粉，放入冰箱冷藏4小时。
8. 以纽扣巧克力作为小熊的耳朵，入炉巧克力作为眼睛，隔水加热黑巧克力、白巧克力，分别装入裱花袋，画出小熊的嘴巴、鼻子即可。

✿ 若家中没有防潮可可粉，可先在蛋糕表面撒上防潮糖粉，再撒普通可可粉，不可直接撒普通可可粉，那会使蛋糕表面潮湿，影响口感和美观。

点点瓢虫巧克力派

份数
3个

材料

蛋白…37克
蛋黄…18克
细砂糖…40克
低筋面粉…20克
红曲粉…5克
糖粉…适量
无盐黄油…50克
黑巧克力…适量
白巧克力…适量

做法

1 将蛋白、15克细砂糖倒入大玻璃碗中，用电动打蛋器搅打至干性发泡，倒入蛋黄，搅拌均匀，将低筋面粉、红曲粉过筛至碗中，用橡皮刮刀翻拌均匀，制成面糊。
2 将面糊装入裱花袋，用剪刀在裱花袋尖端处剪一个小口。
3 烤盘铺上油纸，在油纸上挤出直径约为3厘米的圆饼。
4 轻震几下使表面更平整，在圆饼状面糊表面筛上一层糖粉。将烤盘放入已预热至180℃的烤箱，烤约12分钟。
5 将无盐黄油、剩余细砂糖倒入另一个玻璃碗中，用电动打蛋器搅打至混合均匀，制成奶油霜。
6 将奶油霜装入裱花袋里，尖端剪开口。取出烤好的饼干。
7 将白巧克力切碎后装入小钢锅中，隔热水搅拌至熔化，装入裱花袋里；再将黑巧克力切碎后装入小钢锅中，再隔热水搅拌至熔化，取一部分装入裱花袋里，待用。
8 将奶油霜挤在一块饼干的底部，再用另一块饼干的底部盖上，制成夹心饼干。饼干前端沾上黑巧克力液，放在油纸上，将黑巧克力液在饼干表面画上点点，再挤上白巧克力画出瓢虫的眼睛即可。

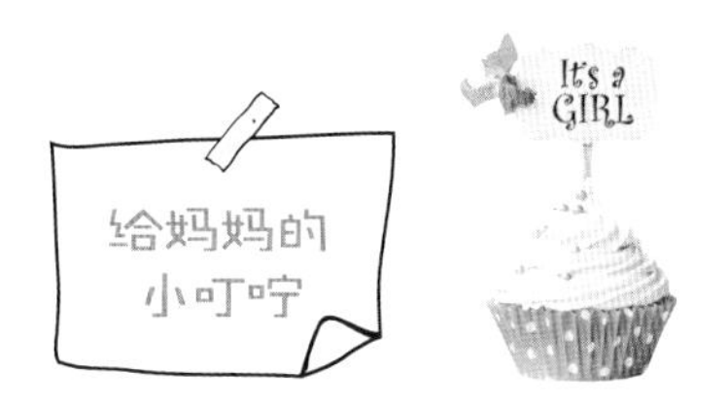

- 熔化好的巧克力液可以放在微波炉上，以免凝固。
- 奶油霜不要太稀，以免浸润饼干。
- 挤面糊时不能中断，这样会影响成品的美观。

Chapter 3

活用蔬果的健康点心

颜色漂亮的蔬果，
不仅可以为点心的颜值加分，
还能赋予点心不同的风味和口感，
营养满满，活力满满！

青苹果奶香果仁饼

材料

低筋面粉…160克
杏仁粒…60克
核桃仁碎…15克
无盐黄油…80克
糖粉…70克
盐…0.5克
饼干棒…适量
防潮糖粉…少许
抹茶粉…适量
蛋黄…35克
蔓越莓干…少许

做法

1. 将室温软化的无盐黄油、糖粉、盐倒入大玻璃碗中，用电动打蛋器搅打均匀，倒入蛋黄，搅打均匀。
2. 将低筋面粉和抹茶粉过筛至碗里，用橡皮刮刀翻拌均匀成无干粉的面团。
3. 倒入核桃仁碎，翻拌均匀。
4. 将面团分成约15克一个的小面团，搓圆后裹上一层杏仁粒。
5. 放在铺有油纸的烤盘上，再分别插上饼干棒。
6. 将烤盘放入已预热至180℃的烤箱中层，烤约18分钟至上色，取出烤好的饼干，放凉至室温，筛上一层防潮糖粉，再放上蔓越莓干作装饰即可。

水果饼干

份量 4个

材料

低筋面粉…70克
无盐黄油…40克
细砂糖…40克
动物性淡奶油…80克
香草精…2克
盐…1克
草莓（切粒）…少许
蓝莓…少许
葡萄干…少许
橘子瓣…少许
树莓…少许

做法

1. 将无盐黄油倒入大玻璃碗中，以橡皮刮刀拌匀，倒入细砂糖、盐，拌匀，倒入香草精，拌匀。
2. 将低筋面粉过筛至碗里，翻拌成无干粉的面团。
3. 取出面团，放在操作台上，用擀面杖擀成厚薄一致的面皮，用爱心模具按压出数个饼干坯。
4. 平底锅铺上高温布，放上饼干坯，盖上锅盖，用中小火煎约10分钟至饼干坯底上色。
5. 将动物性淡奶油倒入另一个干净的大玻璃碗中，用电动打蛋器打至干性发泡。
6. 将打发好的动物性淡奶油装入裱花袋，在裱花袋尖端处剪一个小口。
7. 取出煎好的饼干，挤上打发好的动物性淡奶油，放上橘子瓣、蓝莓、草莓粒、葡萄干、树莓作装饰即可。

营养南瓜条

份量 6个

材料

低筋面粉…160克
南瓜泥…250克
南瓜子…8克
碧根果仁碎…10克
蔓越莓干碎…10克
蜂蜜…30克
芥花籽油…20克
泡打粉…1克

做法

1 将芥花籽油、蜂蜜倒入大玻璃碗中，用手动打蛋器搅拌均匀，倒入南瓜泥，搅拌匀。
2 将低筋面粉、泡打粉过筛至南瓜泥碗里，搅拌成无干粉的面糊，倒入蔓越莓干碎、碧根果仁碎，搅拌均匀。
3 取蛋糕模具，铺上油纸，用软刮将拌匀的面糊刮入蛋糕模具内，再抹平。
4 面糊上铺上一层南瓜子。
5 将蛋糕模具放在烤盘上，再移入已预热至180℃的烤箱中层，烤约20分钟，取出。
6 取出烤好的成品，脱模后切成条状，即成营养南瓜条。

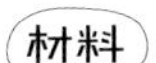

牛奶萝卜面包

份量 3个

材料

高筋面粉…200克
低筋面粉…25克
胡萝卜汁…40毫升
鸡蛋…53克
牛奶…70毫升
细砂糖…18克
酵母粉…4克
无盐黄油…20克
牛奶…适量

做法

1. 将高筋面粉、低筋面粉、酵母粉、细砂糖倒入碗中，搅拌均匀，倒入70毫升牛奶、胡萝卜汁、鸡蛋，拌匀揉成团。
2. 取出面团放在干净的操作台上，将其反复揉扯拉长，再搓圆，按扁，放上无盐黄油，按扁、揉长，再翻压，甩打几次，再次收口，揉成面团，封上保鲜膜，静置发酵约30分钟。
3. 用刮板将面团分成50克一个的小面团，再收口、搓圆，擀成长舌形的面皮，按压面皮短的一边使其固定。
4. 从面皮的另一边开始翻压、卷成橄榄形，再轻滚几下。
5. 取烤盘，铺上油纸，放上橄榄形面团，放入已预热至30℃的烤箱中层，静置发酵30分钟，取出。
6. 在面团表面刷上牛奶，在面团上剪出一排“刺”。
7. 将烤盘再次放入已预热至180℃的烤箱中层，烘烤约15分钟即可。

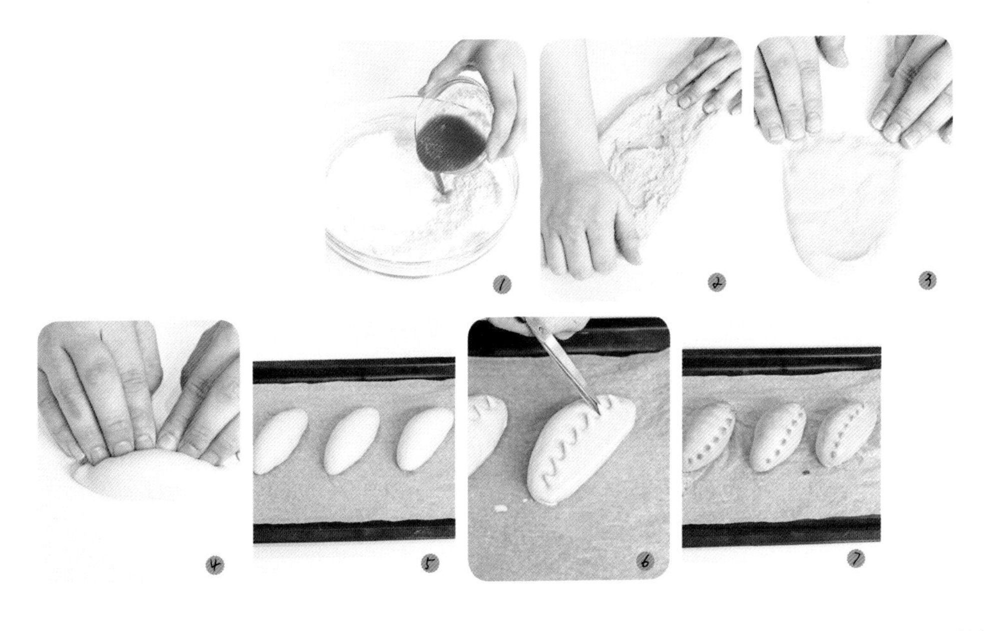

鲜草莓挞

份量
3个

材料

无盐黄油…75 克
糖粉…20克
蛋黄…20 克
低筋面粉…125 克
草莓…200克
酸奶…适量

做法

1 无盐黄油提前室温软化，然后倒入搅拌盆中，加入过筛后的糖粉，用橡皮刮刀搅拌均匀，再用电动打蛋器搅打至无盐黄油泛白、体积膨胀。
2 加入蛋黄，用电动打蛋器打发，筛入低筋面粉，用橡皮刮刀翻拌均匀，成光滑的面团，放入冰箱冷藏30分钟后取出。
3 将面团分成等量的小面团，揉圆，擀平后即成挞皮。
4 将挞皮放入挞模中，用手按压贴紧，取出擀面杖，擀平挞模边缘，去除多余面皮。
5 将放入挞皮的模具静置片刻，用刀刮去边缘多余面皮。
6 用叉子在挞皮内部扎出小孔，放入烤箱，以上、下火200℃烤10分钟至熟。
7 将备好的草莓洗净，去蒂，切成小块，加入酸奶拌匀。
8 取出烤好的挞皮，放入拌好的草莓即可。

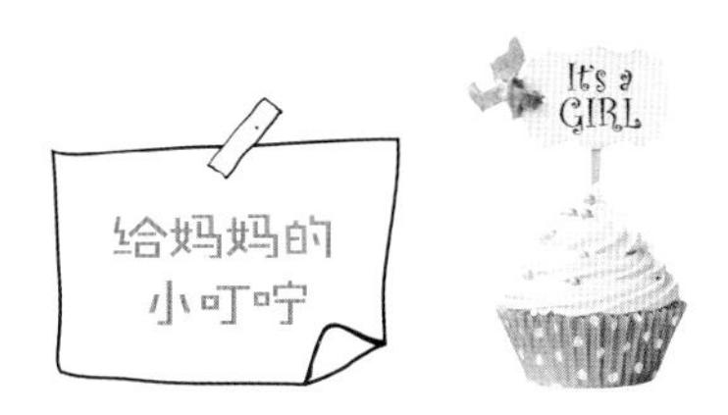

✿ 挞皮内最好不要放入内馅，内馅的热量较高，可以用一些新鲜水果代替。

✿ 挞皮可以事先做好，放入冰箱冷藏，随取随用。

南瓜派

份量
1个

材料

派皮…1片
南瓜泥…116克
鸡蛋液…33克
蛋黄…18克
牛奶…73毫升
细砂糖…40克
动物性淡奶油…73克
桂花…少许

做法

1 将派皮放入模具中，用手按压贴紧，去除多余面皮，压实，用叉子在派皮内部扎出小孔。
2 将南瓜泥和牛奶倒入大玻璃碗中，用手动打蛋器搅拌均匀，待用。
3 将鸡蛋液和蛋黄倒入另一个大玻璃碗中，用手动打蛋器搅拌均匀，倒入细砂糖和淡奶油，快速搅拌均匀。
4 将拌匀的蛋液倒入装有南瓜泥的大玻璃碗中，继续搅拌均匀，制成南瓜布丁馅。
5 将南瓜布丁馅倒在派皮上，再将派放在烤盘上。
6 将烤盘放入已预热至180℃的烤箱中层，烤约30分钟。
7 取出烤好的南瓜派，撒上少许桂花作装饰即可。

水果比萨

份量 1个

材料

高筋面粉…120克
酵母粉…2克
清水…80毫升
盐…1克
苹果（切片）…50克
芒果（切丁）…50克
橘子瓣…30克
食用油…适量
蜂蜜…少许
开心果碎…少许

做法

1 将高筋面粉倒入大玻璃碗中。
2 往装有酵母粉的小玻璃碗中倒入一半清水，搅拌均匀。
3 将拌匀的酵母水、剩余的清水倒入有面粉的大玻璃碗中。
4 倒入盐，用橡皮刮刀翻拌成无干粉的面团。
5 取出面团，放在操作台上，继续揉搓至面团光滑。
6 盖上保鲜膜，静置发酵约30分钟。

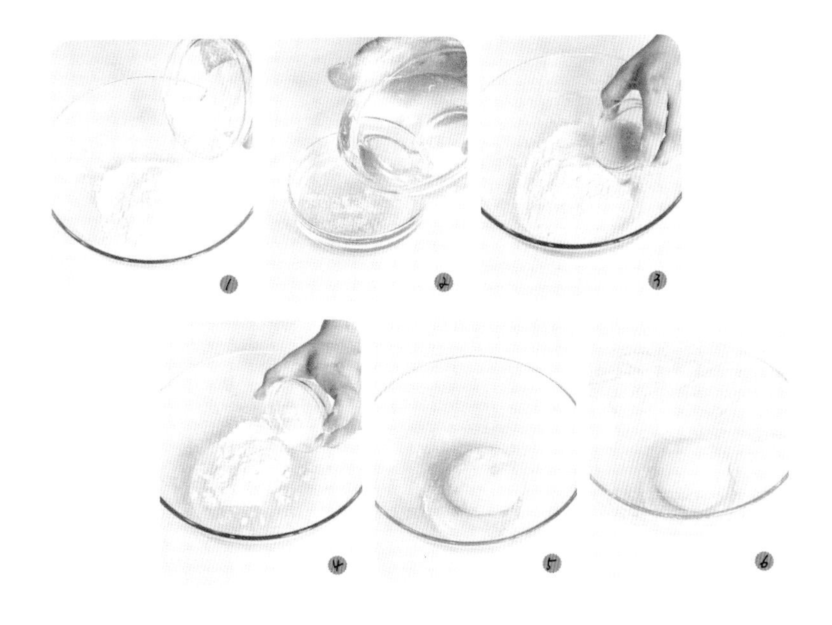

7 取出发酵好的面团，放在操作台上，用擀面杖擀成厚薄一致的面皮。

8 平底锅中倒入食用油后加热，倒入苹果片、芒果片，翻炒至上色。

9 倒入橘子瓣，翻炒一小会儿，盛出待用。

10 将面皮铺在平底锅上，将煎炒好的水果放在面皮上铺好，用小火煎出香味。

11 盖上锅盖，继续用小火煎至底部上色，揭开锅盖，用喷枪烘烤水果表面。

12 继续煎一会儿，盛出装盘，挤上少许蜂蜜，撒上开心果碎即可。

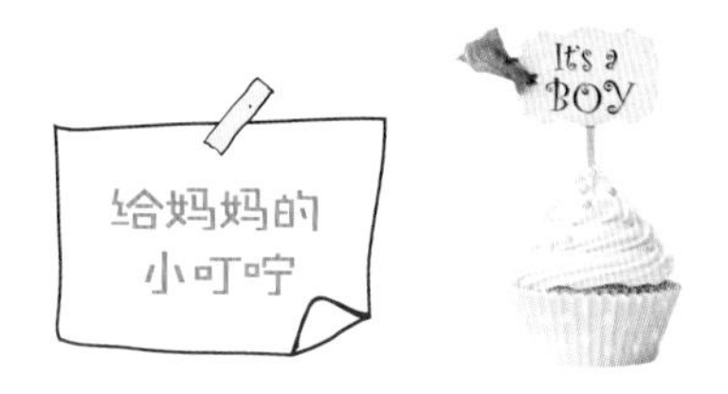

✿ 比萨的面皮厚度最好一致，以免有的地方没烤好，有的地方却烤糊了。

✿ 上述的水果还可以换成其他的水果，但是需要注意的是，不要选择水分过多的水果，这样会影响比萨后期的成型。

蔬菜比萨

份量
1个

材料

高筋面粉…120克
酵母粉…2克
清水…80毫升
盐…1克
胡萝卜（切片）…适量
玉米粒…少许
黑橄榄（切圈）…少许
腌黄瓜（切片）…少许
葱花…少许
葡萄干…少许
食用油…少许

做法

1. 往装有酵母粉的小玻璃碗中倒入一半清水，搅拌均匀，倒入高筋面粉、剩余的水、盐，用橡皮刮刀翻拌成无干粉的面团。
2. 取出面团，放在操作台上，继续揉搓至面团光滑，盖上保鲜膜，静置发酵约30分钟。
3. 取出发酵好的面团，放在操作台上，用擀面杖擀成厚薄一致的面皮。
4. 平底锅里刷上少许食用油烧热，放入面皮，稍煎。另起一锅，放油、胡萝卜片、玉米粒，翻炒至食材熟软、上色，盛出。
5. 在面皮上铺上炒好的食材、黑橄榄圈、腌黄瓜片。
6. 撒上少许葱花，盖上锅盖，用小火再煎约3分钟至底部上色。
7. 揭开锅盖，用喷枪烘烤蔬菜表面。
8. 继续煎一会儿，盛出，表面撒上少许葡萄干即可。

- 买不到新鲜黑橄榄，可以在超市购买罐装黑橄榄代替。
- 胡萝卜片还可以换成南瓜片，味道会偏甜。
- 比萨出锅后在2～3分钟内温度较高，要将其切开，稍微放凉再食用。

微笑饼干

份量
8个

材料

低筋面粉…120克
糖粉…50克
无盐黄油…65克
蛋黄…17克
香草精…1克
可可粉…3克
已熔化的白巧克力…适量
已熔化的黑巧克力…适量
彩虹豆…少许

做法

1 将无盐黄油、糖粉倒入大玻璃碗中，用橡皮刮刀翻拌均匀。
2 倒入蛋黄，翻拌均匀，倒入香草精，翻拌均匀。
3 将低筋面粉、可可粉过筛至碗里，用橡皮刮刀翻拌均匀成无干粉的面团。
4 取出面团放在干净的操作台上，用擀面杖擀成厚薄一致的薄面皮，用模具按压出数个圆形饼干坯。
5 取烤盘，铺上油纸，放上饼干坯。将烤盘放入已预热至180℃的烤箱中层，烤约30分钟，取出烤好的饼干。
6 再用白巧克力、黑巧克力挤出不同的笑脸造型，再放上彩虹豆装饰即可。

荷包蛋造型饼干

材料

低筋面粉…80克

无盐黄油…60克

白巧克力碎…45克

黑巧克力碎…30克

细砂糖…15克

杏仁粉…25克

盐…0.5克

丹麦飞鸵芝士粉…少许

做法

1 将室温软化的无盐黄油、细砂糖倒入大玻璃碗中，用电动打蛋器搅打均匀，倒入盐。

2 将杏仁粉过筛至碗里。

3 将低筋面粉过筛至碗中，用橡皮刮刀翻拌至无干粉，制成面团。

4 取烤盘，铺上油纸。将面团分成6个重约20克一个的小面团，搓圆后放在油纸上。将烤盘放入已预热至170℃的烤箱中层，烤约15分钟，取出放凉至室温，制成饼干球。

5 将白巧克力碎倒入不锈钢锅中，再隔热水搅拌至熔化。

6 将熔化的白巧克力装入裱花袋里，用剪刀在裱花袋尖端处剪一个小口。

7 将黑巧克力倒入干净的不锈钢锅中，再隔热水搅拌至熔化。

8 将熔化的黑巧克力装入裱花袋里，用剪刀在裱花袋尖端处剪一个小口。

9 砧板上铺上油纸，再挤上熔化的白巧克力，制成蛋白的样子。

10 白巧克力上放上饼干球。

11 用刷子将丹麦飞鸵芝士粉刷在饼干球上，制作出腮红的效果。

12 再用熔化的黑巧克力挤出眼睛、嘴巴的造型，放入冰箱冷藏约60分钟至巧克力变硬即可。

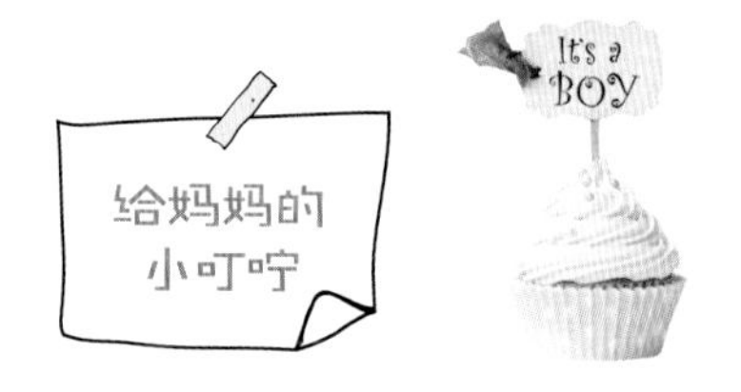

✿ 注意饼干在装饰之前，要充分放凉。

✿ 可以用透明的塑料管来装这款小饼干，漂亮干净！

✿ 熔化的黑巧克力液在使用前最好放在温热的地方，避免凝固。

糖珠糖霜小熊饼干

材料

低筋面粉…60克
糖粉…130克
盐…1克
无盐黄油…35克
香草精…2克
彩色糖珠…适量
蛋白…8克

做法

1. 将无盐黄油用橡皮刮刀刮入大碗中，搅拌均匀。
2. 将30克糖粉过筛到无盐黄油中，再用橡皮刮刀搅拌均匀，加入盐，搅拌匀，倒入香草精，拌匀调味。
3. 将低筋面粉过筛到碗中，翻拌至呈无干粉的状态，用手将材料揉成光滑的面团。
4. 案台上铺上保鲜膜，再放上面团，用擀面杖将面团擀成厚度约为0.3厘米的面皮。
5. 用小熊模具压出数个小熊饼干坯的印迹。
6. 再用保鲜膜包住整块面皮，移入冰箱冷藏5分钟后取出。

7 烤盘上铺油纸，再将小熊取出放在上面摆好。

8 将小熊的双手固定在胸前。

9 将烤盘移入预热至170℃的烤箱中层，烤10~12分钟，取出。

10 将剩余的糖粉过筛至干净的大碗中，再倒入蛋白，用橡皮刮刀翻拌至无干粉的状态。

11 改用电动打蛋器将材料打至发白、挂浆的状态，制成糖霜。

12 将糖霜装入裱花袋中，从边缘慢慢往中间挤在烤好的小熊上，再撒上彩色糖珠作装饰即可。

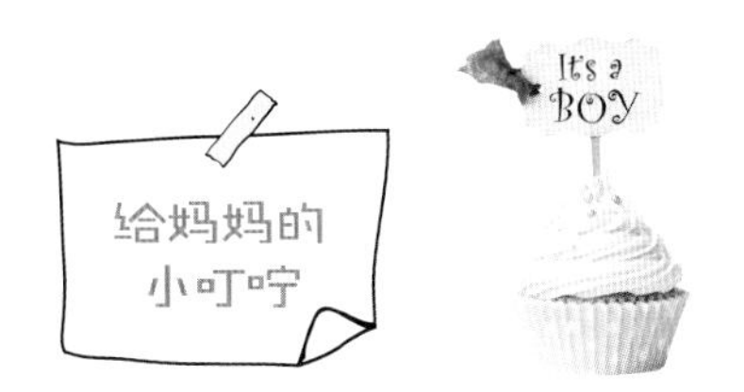

✿ 彩色糖珠还可以作为小熊的眼睛、嘴、鼻子等来装饰饼干。

✿ 挤入糖霜的时候，最好先从边缘开始，画出一个轮廓，再填补中间部分，避免糖霜外溢，影响造型。

熊棒小饼干

材料

原味饼干面团…适量
蛋白…适量
黑色糖霜…适量
粉红色糖霜…适量
苦甜巧克力…适量
竹棒…数根

做法

1 取出备好的面团，用擀面杖擀成约0.3厘米厚的面皮，再用小熊模具压出形状。
2 取少许面团，搓成椭圆形，稍微按扁，当成嘴部，涂上少许蛋白，粘到小熊饼干上（黏合了嘴部的饼干生坯作为正面）。
3 将小熊饼干生坯放入烤盘，再放入已预热的烤箱，以170℃烘烤12～15分钟。取出烤好的饼干，放凉，取饼干正面用黑色糖霜画上眼睛、鼻子，再用粉红色糖霜画上腮红。
4 等糖霜干后，将苦甜巧克力隔热水加热至熔化。
5 用汤匙将巧克力涂在没有装饰的饼干表面，饼干边缘留约0.5厘米空隙不要抹。
6 再在饼干背面抹上少许巧克力，把竹棒粘在2片饼干中间即可。

笑脸造型饼干

材料

低筋面粉…120克
奶粉…10克
无盐黄油…50克
糖粉…30克
鸡蛋液…25克
红曲粉…2克
泡打粉…1克
黑芝麻…少许

做法

1. 将室温软化的无盐黄油、糖粉倒入大玻璃碗中，用橡皮刮刀翻拌至无干粉，倒入鸡蛋液，将低筋面粉、奶粉、泡打粉过筛至碗里，用橡皮刮刀翻拌至无干粉，制成面团。
2. 取出面团放在铺有保鲜膜的操作台上，用擀面杖将其擀成厚薄一致的薄面皮。
3. 用模具按压出数个饼干坯，放在铺有油纸的烤盘上。
4. 将多余的面皮搓圆后按扁，放上红曲粉，再揉搓均匀，擀成薄面皮，用裱花嘴口按压出数个小圆片。
5. 将小圆片放在饼干坯上，制作出红脸造型。
6. 再用裱花嘴口按压出嘴巴、头发的造型，放上黑芝麻，制作出眼睛的造型。
7. 将烤盘放入已预热至160℃的烤箱中层，烤约15分钟即可。

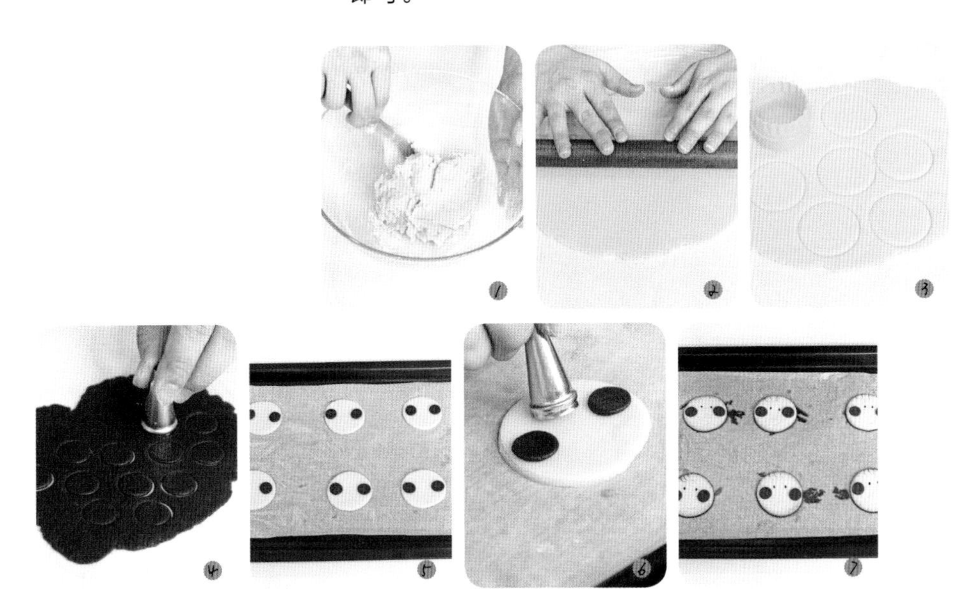

棒棒饼干

份量 8个

材料

低筋面粉…78克
杏仁粉…30克
葡萄干…15克
无盐黄油…40克
鸡蛋液…19克
糖粉…55克
细砂糖…50克
盐…0.5克

做法

1. 将室温软化的无盐黄油、糖粉、盐倒入大玻璃碗中，用电动打蛋器搅打均匀，分两次倒入鸡蛋液，每次均搅打均匀。
2. 将杏仁粉、低筋面粉过筛至碗里，倒入葡萄干，用橡皮刮刀翻拌均匀成无干粉的面团。
3. 取出面团放在铺有保鲜膜的操作台上，再用保鲜膜包裹住面团，放入冰箱冷藏约30分钟。
4. 取出冷藏好的面团，撕掉保鲜膜，再将面团分成10克一个的小球。
5. 将小球面团裹上一层细砂糖，然后往小球面团上插上一根竹签。
6. 取烤盘，铺上油纸，放上裹了细砂糖的小球面团。
7. 将烤盘放入已预热至180℃的烤箱中层，烤12~18分钟至上色即可。

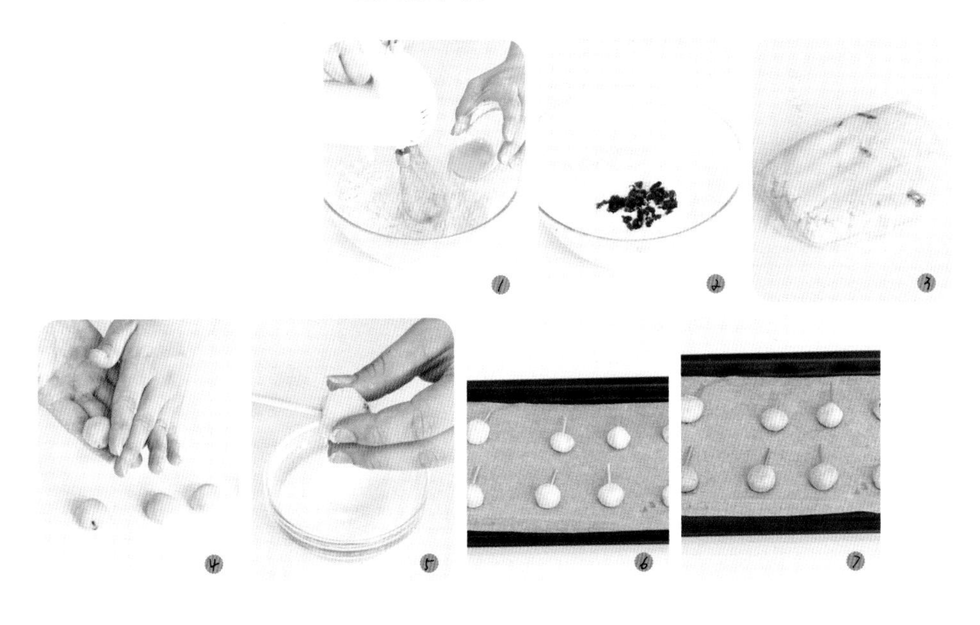

蔬菜小狗面包

份量 2个

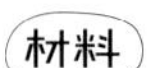

材料

高筋面粉…200克
低筋面粉…30克
细砂糖…25克
酵母粉…3克
鸡蛋…1个
牛奶…80毫升
包菜汁…40毫升
无盐黄油…20克
红豆粒…6颗

做法

1 将高筋面粉、低筋面粉、细砂糖、酵母粉倒入碗中，用手动打蛋器搅拌均匀。

2 碗中再倒入牛奶、鸡蛋、包菜汁，用橡皮刮刀翻拌几下，再用手揉成团，放案板上按扁，放上无盐黄油，按扁、揉长，再翻压，揉成纯滑的面团。

3 将面团放回至大玻璃碗中，封上保鲜膜，静置发酵约30分钟。

4 用刮板将发酵好的面团分成两等份，再收口、搓圆，按扁，分别放上3颗红豆粒，做出小狗的眼睛、鼻子。

5 用剪刀在面团左右两边各剪一刀，稍稍分开点，做出小狗的耳朵，即成蔬菜小狗面包坯。

6 取烤盘，铺上油纸，放上蔬菜小狗面包坯，放入已预热至30℃的烤箱中层，静置发酵约30分钟，取出，再放入已预热至180℃的烤箱中层，烘烤约15分钟即可。

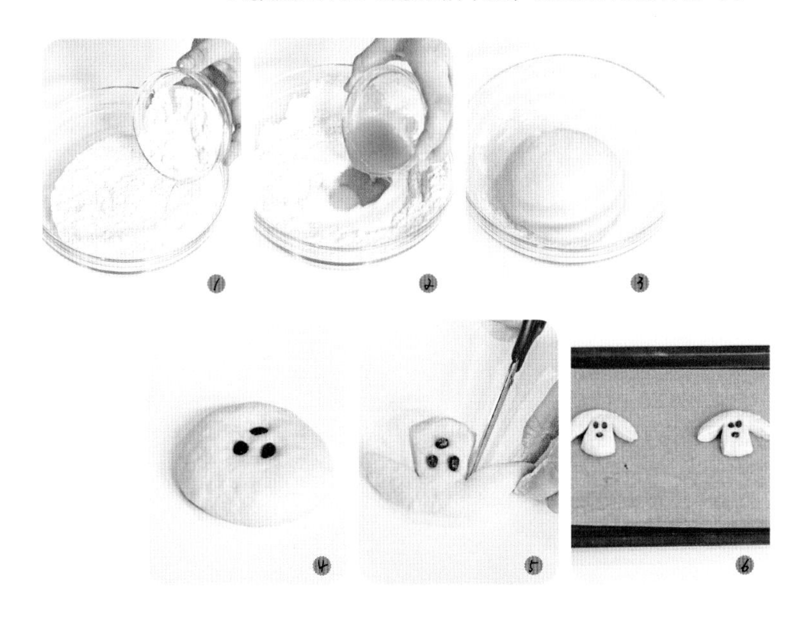

小叶子面包

份量
3个

材料

原味面包面团…180克

高筋面粉…适量

做法

1 把原味面包面团分成每个60克的小面团，揉圆。

2 取其中一个面团，用擀面杖把它擀圆、擀平成面饼。

3 把面饼的一边向中间折叠成直线。

4 把另外两边也折起来呈三角形，三条边中间用手指稍往里推，呈现一定弧度。其余两个60克的面团依此操作，制成面包坯。

5 将3个面包坯放在铺了油纸的烤盘上，再放入烤箱，以35℃发酵约15分钟。

6 发酵完后取出，撒上少许高筋面粉，用小刀割出叶子的纹路，再放入烤箱，温度调至上火180℃、下火160℃，烤约16分钟即可。

Merry
Christm

蛋糕球棒棒糖

材料

植物油…18毫升
蛋黄…3个
细砂糖…28克
鲜奶…30克
低筋面粉…54克
奶油奶酪…36克
蛋白…3个
黑巧克力…适量
花生碎…适量
彩色糖果…适量
棒棒糖棍子…若干

做法

1 在搅拌盆中倒入鲜奶、植物油及15克细砂糖，用电动打蛋器拌匀，筛入低筋面粉，加入蛋黄，搅打至呈黄色。

2 取一新的搅拌盆，倒入蛋白、剩余细砂糖，用电动打蛋器打至发白，制成蛋白霜。

3 将三分之一的蛋白霜加入到做法1的混合物中，拌匀后，倒回到剩余的蛋白霜中，成淡黄色面糊。

4 将面糊倒入方形烤盘中，抹平，敲击以释放出多余空气。烤箱以上、下火160℃预热，将烤盘放入烤箱，烤约15分钟。

5 取出烤好的蛋糕体，脱模，捏碎，放入奶油奶酪，揉捏均匀至呈面团状。

6 将面团分成25克一个的蛋糕球，插上棍子，放入冰箱冷藏定型。

7 黑巧克力隔水加热煮熔成巧克力酱，将蛋糕球蘸取巧克力酱，再撒上花生碎、彩色糖果即可。

推推乐蛋糕

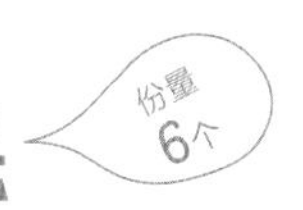

材料

鸡蛋…5个
低筋面粉…90克
细砂糖…66克
玉米油…46毫升
柠檬汁…3毫升
动物性淡奶油…250克
水…46毫升
糖粉…10克
猕猴桃…适量
草莓…适量
芒果…适量

做法

1. 将鸡蛋的蛋白和蛋黄分离，将蛋白放到冰箱冷藏；将低筋面粉过筛两遍。
2. 在蛋黄里加入细砂糖26克、玉米油、水、低筋面粉，拌匀至无干粉状态。
3. 将蛋白打发至发泡时滴入柠檬汁，加入40克细砂糖，打至干性发泡。
4. 将打发的蛋白加入蛋黄糊中拌匀，倒入模具中，放入预热至150℃的烤箱中层烤50分钟，取出，倒扣脱模，横切成片。
5. 将动物性淡奶油倒入容器中，加糖粉，打发后装入裱花袋。
6. 用推推乐模具在蛋糕片上印出蛋糕圆片；用刀将猕猴桃、草莓、芒果切成小块。
7. 按照一层蛋糕片、一层打发淡奶油、一层水果的方式将食材填入模具中，盖上盖子即可。

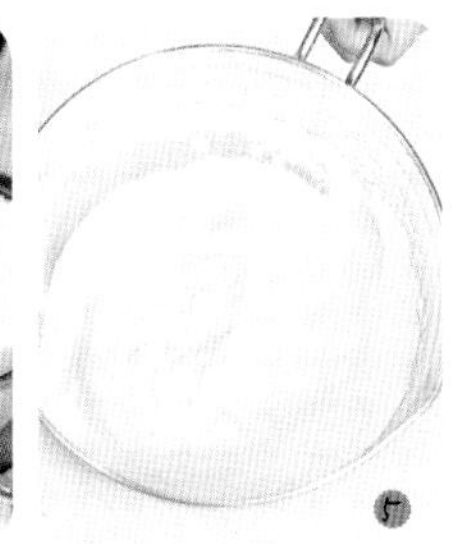

小黄人杯子蛋糕

材料

鸡蛋…1个
细砂糖…65克
植物油…50毫升
鲜奶…40毫升
低筋面粉…80克
盐…1克
泡打粉…1克
巧克力…适量
翻糖膏…适量
食用黄色色素…适量

做法

1 将鸡蛋搅拌成蛋液，蛋液与细砂糖一起倒入搅拌盆，搅拌均匀。

2 加入盐，搅拌均匀，加入鲜奶及植物油，继续搅拌，筛入低筋面粉及泡打粉，搅拌均匀，制成淡黄色蛋糕糊。

3 将蛋糕糊装入裱花袋，垂直从蛋糕纸杯中间挤入，至八分满。

4 烤箱以上、下火170℃预热，将蛋糕纸杯放入烤箱，烤约20分钟。

5 待蛋糕体冷却后，沿杯口切去高于纸杯的蛋糕体。

6 取适量翻糖膏，加入几滴黄色色素，揉搓均匀，使翻糖膏呈鲜亮的黄色。

7 用擀面杖将黄色翻糖膏擀平，用一个新的蛋糕纸杯在黄色翻糖膏上印出圆形。

8 用剪刀将圆形剪下，放在蛋糕体上面作为小黄人的皮肤。

9 取一块新的翻糖膏，用裱花嘴圆形的一端印出小的圆形，作为小黄人的眼白。

10 用一个大的裱花嘴在原来的黄色翻糖上印出眼睛的外圈。

11 将小圆形白色翻糖膏套入黄色圈圈中，作为小黄人的眼睛，摆在蛋糕体上面。

12 用巧克力画出小黄人的眼珠、嘴巴和眼镜框即可。

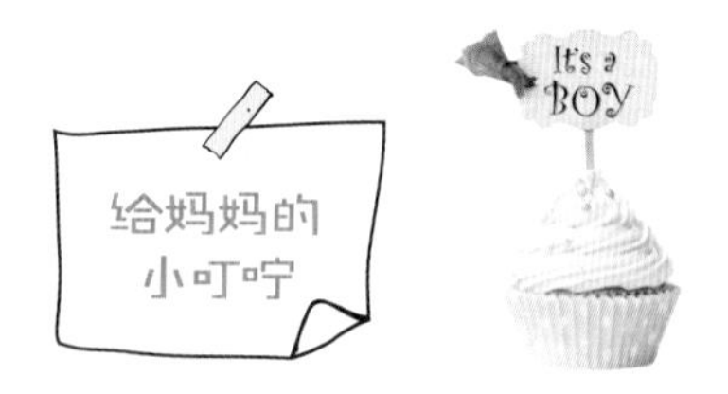

✿ 小黄人的眼镜和嘴巴也可用翻糖膏加入少许竹炭粉制成，只要将两者揉搓均匀，再剪出相应形状即可。

马卡龙

份量 7个

材料

细砂糖 …110克
蛋白…80克
杏仁粉…100克
糖粉…100克
蛋白粉…0.2克
胡萝卜汁…适量
汉拏峰橘果酱…20克
无盐黄油…70克
低筋面粉…100克
清水…适量

做法

1. 100克细砂糖倒入平底锅中，加入少许清水，中火加热，用温度计测量，达到100℃时，倒入剩余细砂糖，煮至液体温度达到120℃即关火，制成糖浆。
2. 将蛋白40克、蛋白粉倒入大玻璃碗中，用电动打蛋器搅打至九分发，即为蛋白糊。
3. 将糖浆倒入蛋白糊中，边倒边用电动打蛋器搅打至提起电动打蛋器后上面的材料能够立起来，制成蛋白霜。
4. 将杏仁粉、低筋面粉过筛至另一个碗中，再倒入剩余蛋白，翻拌均匀成无干粉的面团。
5. 将胡萝卜汁倒入装有蛋白霜的大玻璃碗中，用电动打蛋器搅打均匀。
6. 将做法5搅打均匀的材料倒入装有面团的大玻璃碗中，用橡皮刮刀翻拌均匀，制成意式蛋白霜面糊。

7 将意式蛋白霜面糊装入套有圆形裱花嘴的裱花袋中，用剪刀在裱花袋尖端处剪一个小口。

8 取烤盘，铺上高温布，再挤出数个直径3厘米的圆形面糊。

9 提起烤盘，用另一只手轻轻拍几下盘底以震出大气泡，常温下静置30~60分钟。

10 将烤盘放入已预热至140℃的烤箱中层，烤约9分钟，取出，放凉。

11 将无盐黄油放入大碗中，搅打均匀，倒入汉挐峰橘果酱，继续搅打，制成基本奶油馅。

12 将基本奶油馅装入另一套有圆形裱花嘴的裱花袋里，用剪刀在裱花袋尖端处剪一个小口，挤在意式蛋白霜饼的反面，再将饼干有奶油馅的一面两两贴在一起即可。

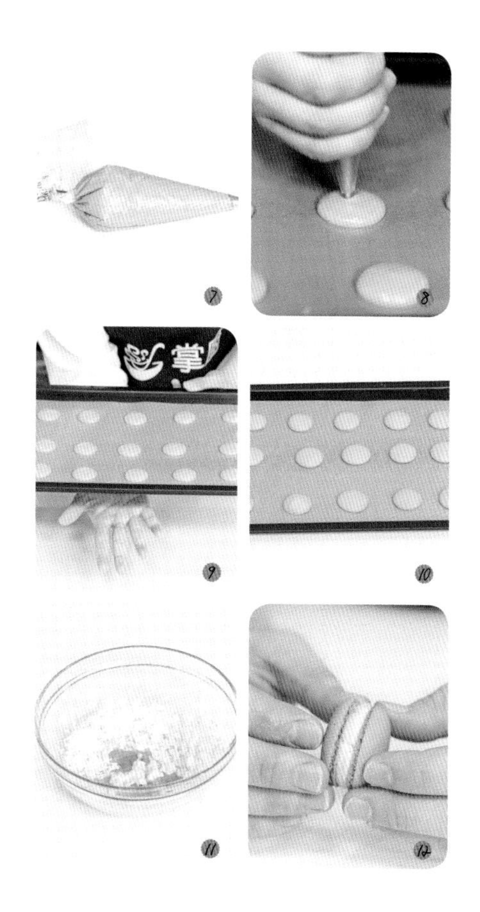

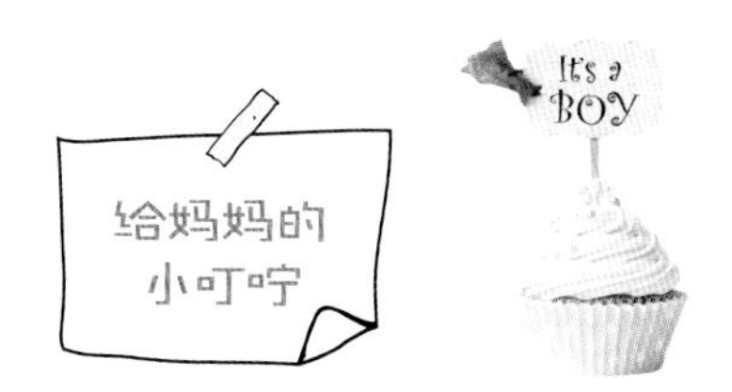

✿ 面糊在静置的时候需要不停地观察面糊情况，当面糊表面变得干燥时即可放入烤箱。马卡龙的直径一般是3.5~4厘米。

法式小泡芙

材料

奶油…100克

水…125毫升

牛奶…125毫升

低筋面粉…150克

鸡蛋…4个

卡仕达酱…适量

白巧克力…适量

彩针糖…适量

做法

1 将奶油倒入锅中，倒入牛奶、水，开小火煮至沸腾，煮至水分逐渐减少。

2 再将低筋面粉过筛至锅中，以软刮翻拌成无干粉的面团。用电动打蛋器搅打面团，分次加入鸡蛋，拌成面糊。

3 将面糊装入套有圆形裱花嘴的裱花袋里。取烤盘，铺上油纸，将面糊从底部边绕圈边往上提，挤在油纸上呈半球状。

4 移入已预热至190℃的烤箱，烤约10分钟取出，即成原味泡芙壳。

5 将卡仕达酱装入套有裱花嘴的裱花袋里，再挤入泡芙壳底部。

6 将白巧克力装入小钢锅中，隔热水加热，边加热边搅拌至完全熔化。

7 将泡芙壳表面朝下，沾满白巧克力，待白巧克力凝固，撒上彩针糖即可。

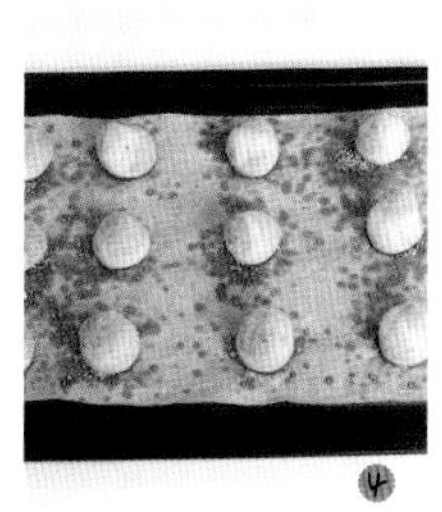

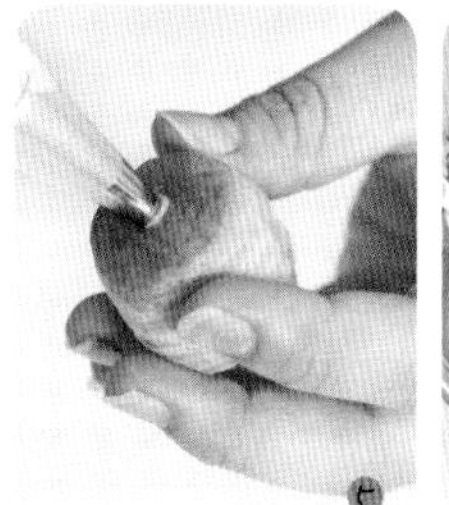

Chapter 5

不用烤箱也能做的甜点

家里没有烤箱也可以做出漂亮的甜点？

答案是肯定的。

只需一个平底锅、一个冰箱，也能做出美味的点心。

甜甜圈

份量 4个

材料

原味面包面团…180克

白巧克力碎…适量

黑巧克力豆…少许

彩针糖…适量

细砂糖…适量

植物油…适量

做法

1 将原味面包面团分成四等份，收口、搓圆，静置发酵约10分钟，再将面团擀成长条形面皮。

2 用手将长条形面皮的一边按压固定在操作台上。

3 从另一边卷起成长条状。

4 再将其首尾相连，制成甜甜圈面包坯。

5 锅中倒入适量植物油烧至微微沸腾，放入面包坯。

6 炸至呈焦黄色，捞出沥干油分。

7 将白巧克力碎装入小钢锅中，隔热水搅拌至熔化。用同样的方法熔化黑巧克力豆，再装入裱花袋里，用剪刀在裱花袋的尖端处剪一个小口。

8 取1个甜甜圈，将其一半裹上白巧克力液，再挤上黑巧克力；取2个甜甜圈，将其一半裹上白巧克力液，再撒上彩针糖作装饰；将细砂糖撒在最后一个甜甜圈上即可。

- 油锅的油温最好控制在180℃左右，太热容易使甜甜圈急速焦黑，而油温过冷则容易使甜甜圈吃油过多。
- 家里的食用油一般只能用来炸一次甜甜圈，因为家用食用油抗氧化能力差。

POPCORN

奶油盒子蛋糕

材料

蛋黄…45克
低筋面粉…35克
牛奶…35毫升
玉米油…35毫升
可可粉…15克
温水…30毫升
蛋白…66克
细砂糖…65克
淡奶油…300克
奥利奥饼干碎…33克
消化饼干…67克

做法

1 将牛奶和玉米油倒入大玻璃碗中，用手动打蛋器搅拌均匀，将低筋面粉过筛至碗里，搅拌至无干粉。

2 将可可粉倒入装有温水的玻璃碗中，搅拌至混合均匀，制成可可粉糊，倒入有牛奶的大玻璃碗中，快速搅拌均匀。

3 牛奶碗中倒入蛋黄，搅拌均匀，制成蛋黄可可粉糊。

4 将蛋白倒入另一个干净的大玻璃碗中，再将40克细砂糖分三次倒入碗中，用电动打蛋器将蛋白搅打均匀，至九分发，制成蛋白糊。

5 用橡皮刮刀将一半的蛋白糊倒入蛋黄可可粉糊中，翻拌均匀。

6 将拌匀的材料倒入装有剩余蛋白糊的大玻璃碗中，继续翻拌均匀，制成蛋糕糊。

7 取烤盘，铺上油纸，倒入蛋糕糊，用橡皮刮刀抹匀、抹平，再轻震几下排出大气泡。

8 将烤盘放入已预热至180℃的烤箱中层，烤约19分钟，取出，倒扣在网架上放凉。

9 将蛋糕正面朝上，用刀将其切成比盒子口径稍小一点的块。将消化饼干装入密封袋，用擀面杖将其捣碎，待用。

10 将淡奶油、剩余细砂糖倒入干净的大玻璃碗中，用电动打蛋器搅打至九分发，倒入奥利奥饼干碎，用橡皮刮刀翻拌均匀，制成内馅。

11 将内馅装入套有圆齿嘴的裱花袋里，用剪刀在裱花袋尖端处剪一个小口。

12 取一片蛋糕放在盒子底部，挤上几个球形的内馅，放上一层消化饼干碎，再铺上一层蛋糕，挤上几个球形的内馅，放上一层消化饼干碎。按照相同的方法完成奶油盒子蛋糕的制作。

✿ 如果宝贝喜欢咸的点心，可以在制作内馅的淡奶油中加入少许食盐。

✿ 没有消化饼干也可以用奥利奥饼干碎代替。

小熊巧克力慕斯

材料

巧克力碎…30克

细砂糖…15克

淡奶油…100克

牛奶…40毫升

吉利丁片…3克

蛋黄…1个

白巧克力…适量

黑巧克力…适量

做法

1 将巧克力碎装入小钢锅中，隔热水搅拌至熔化，倒入细砂糖，拌匀。

2 将牛奶倒入平底锅中，边加热边搅拌至沸腾。

3 捞出提前浸水泡软的吉利丁片，放入奶锅中，拌匀成奶糊。

4 将奶糊倒入装有蛋黄的碗中，搅拌均匀，倒入熔化的巧克力，搅拌匀，制成巧克力糊。

5 将淡奶油装入干净的大玻璃碗，搅打至不易滴落的状态，倒入巧克力糊，搅拌匀成慕斯糊。

6 将慕斯糊倒入碗中，再放入冰箱冷藏2个小时以上，取出。

7 将熔化的白巧克力装入裱花袋，在保鲜膜上挤出小熊眼睛、嘴巴的轮廓造型，放入冰箱冷藏至变硬，取出放在慕斯上。再将熔化的黑巧克力装入裱花袋，再画出小熊的眼睛、鼻子、嘴巴即可。

可爱草莓巧克力

份量 6个

材料

白巧克力碎…100克

黑巧克力碎…100克

草莓（6个）…67克

防潮糖粉…少许

可食用银珠…少许

做法

1 将白巧克力碎装入碗中，隔热水搅拌至熔化；将黑巧克力碎装入另一碗中，隔热水搅拌至熔化。

2 将所有草莓蒂以下的部分先裹上白巧克力。

3 将一半的草莓倾斜着裹上黑巧克力，再在沾上了黑巧克力的对面也同样按照倾斜的方式裹上黑巧克力，制成爱心状的图案。

4 将熔化的白巧克力装入裱花袋，用剪刀在裱花袋尖端处剪一个小口；将熔化的黑巧克力装入另一裱花袋，用剪刀在裱花袋尖端处剪一个小口。

5 将白巧克力挤在只裹了白巧克力的草莓上，做出蕾丝边，再放上一颗银珠。

6 将黑巧克力挤在剩余草莓上，做出蝴蝶结和扣子。

7 将防潮糖粉筛在所有草莓上即可。

小熊棒棒糖铜锣烧

材料

蛋黄…40克

细砂糖…35克

蜂蜜…6克

酱油…2毫升

味淋…4毫升

低筋面粉…40克

小苏打粉…1克

清水…12毫升

食用油…少许

做法

1. 将蛋黄倒入大玻璃碗中。
2. 碗中倒入细砂糖、蜂蜜，用手动打蛋器搅拌均匀，倒入酱油、味淋，搅拌均匀。
3. 将低筋面粉过筛至碗中，搅拌成无干粉的糊状。
4. 将小苏打粉加适量清水拌匀后倒入面糊中，快速搅拌均匀，装入裱花袋中，待用。
5. 平底锅刷上少许食用油后加热，将裱花袋尖角处剪一个小口，将面糊在平底锅上挤出圆形。
6. 在圆形面糊旁边挤出两个小的圆形面糊作为耳朵，使其成为小熊状。
7. 放入一根棒子，用小火将小熊面糊底面煎至呈金黄色，翻面，用小火将面糊煎成两面呈金黄色的面饼即可。

杂果蜂蜜松饼

材料

牛奶…120毫升
细砂糖…53克
低筋面粉…110克
火龙果粒…15克
蓝莓…10克
草莓粒…10克
鸡蛋…30克
蜂蜜…23克
无盐黄油（隔热水熔化）…15克
泡打粉…1.5克
已打发淡奶油…适量
防潮糖粉…少许
食用油…少许

做法

1. 将牛奶、鸡蛋倒入大玻璃碗中，用手动打蛋器搅拌均匀。
2. 倒入细砂糖、蜂蜜，搅拌均匀。
3. 将低筋面粉、泡打粉过筛至碗里，搅拌成无干粉的面糊。
4. 倒入隔热水熔化的无盐黄油，搅拌均匀成能挂浆的面糊。
5. 平底锅擦上少许食用油后加热。
6. 倒入适量面糊，用中火煎约1分钟至定型。

7 继续煎一会儿，翻面，再改小火煎约1分钟至底部呈金黄色，即成蜂蜜松饼。

8 依此法再煎出两块蜂蜜松饼，盛出煎好的蜂蜜松饼，待用。

9 将已打发的淡奶油装入裱花袋，在裱花袋尖端处剪一个小口。将打发的淡奶油用画圈的方式由内往外挤在一块蜂蜜松饼上。

10 在淡奶油边缘摆上适量火龙果粒、草莓粒、蓝莓。

11 盖上另一块蜂蜜松饼，用同样的方式挤上已打发的淡奶油，再摆上火龙果粒、草莓粒、蓝莓。

12 盖上最后一块蜂蜜松饼，再放上火龙果粒、草莓粒、蓝莓作装饰，筛上一层防潮糖粉即可。

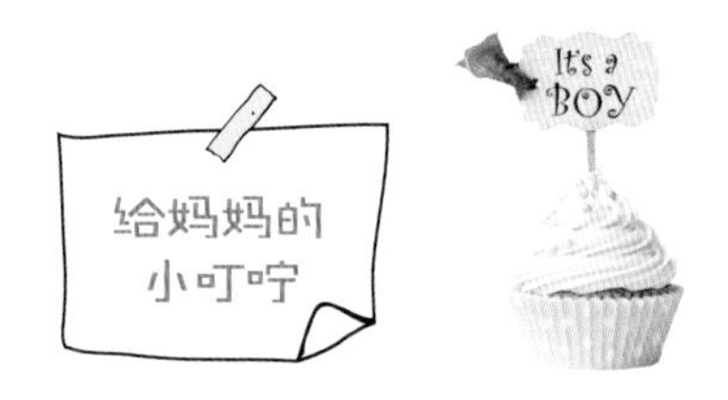

✿ 倒入锅中的面糊的量要控制好，面糊的厚度适中就行，如果面糊太多，则容易烤煳，面糊太少，松饼就不松软了。

✿ 当面糊的表面的气孔在冒泡的时候，就可以翻面了。

芝麻卷饼

份量
4个

材料

低筋面粉…100克

鸡蛋…165克

黑芝麻…4克

细砂糖…50克

无盐黄油…65克

黑胡椒粉…2克

盐…1克

做法

1. 将鸡蛋、细砂糖、黑胡椒粉、盐倒入大玻璃碗中，用手动打蛋器搅拌均匀。
2. 将室温软化的无盐黄油隔热水搅拌至熔化。
3. 将低筋面粉过筛至鸡蛋碗里，搅拌至成无干粉的面糊。
4. 面糊中边倒入无盐黄油，边不停地搅拌均匀。
5. 倒入黑芝麻。
6. 搅拌均匀，制成芝麻面糊。
7. 用勺子舀取适量面糊倒入平底锅中，摊平、摊薄。
8. 用中火煎至两面呈金黄色，制成芝麻饼，趁热将煎好的芝麻饼卷成卷即可。

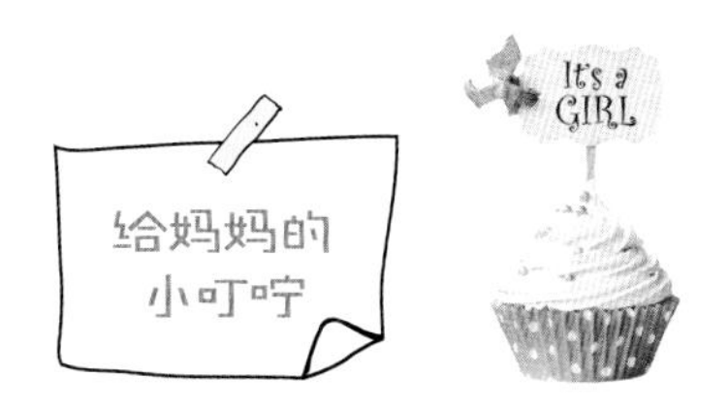

- 卷饼的时候要趁热，否则芝麻饼容易裂开。
- 锅中的热度很高，卷饼的时候最好配合锅铲等一起，以免烫伤。
- 黑芝麻炒熟后磨碎，再放入面糊中，吃起来更香。

草莓布丁

份量 2个

材料

草莓…8颗
吉利丁片…5克
动物性淡奶油…35克
牛奶…150毫升
已打发淡奶油…80克
细砂糖…35克
罗勒叶…少许

做法

1 将动物性淡奶油倒入大玻璃碗中，用电动打蛋器搅打至干性发泡。将吉利丁片装入碗中，倒入适量温水泡至发软。
2 将4颗草莓切块后装入另一小碗中，倒入细砂糖，拌匀后静置约30分钟。
3 平底锅中倒入拌好的草莓，开中火，边加热边翻拌至草莓软烂，转为小火，倒入牛奶，拌匀。
4 关火，倒入做法1中，利用余温将锅中材料搅拌均匀。
5 待锅中材料放凉后，倒入已打发的淡奶油中，搅拌均匀，即成草莓布丁液。
6 将2颗草莓切片，一半贴在一个布丁杯底部的内壁上，另一半贴在另一个布丁杯靠近杯口的内壁上。
7 将布丁液倒入两个布丁杯中，冷藏约3小时后取出。将剩余草莓切片后放在布丁上，放上罗勒叶作装饰即可。

芒果布丁

份量 2个

材料

芒果（切丁）…60克

明胶粉…5克

清水…15毫升

牛奶…170毫升

细砂糖…20克

浓缩芒果汁…35毫升

做法

1 将清水倒入明胶粉中泡开。

2 将牛奶、细砂糖倒入平底锅中，用中火加热至冒热气，关火。（牛奶不要煮至沸腾）

3 在牛奶锅中倒入泡好的明胶粉，搅拌至完全混合均匀。

4 倒入浓缩芒果汁，用手动打蛋器搅拌至混合均匀，关火，制成布丁液。

5 将布丁液倒入碗中。

6 放入冰箱冷藏约2个小时，取出冷藏好的布丁，放上芒果丁作装饰即可。

果汁QQ糖

份量 15个

材料

吉利丁片…10克
细砂糖…40克
麦芽糖…20克
柠檬酸…5克
柚子汁…50毫升
清水…20毫升

做法

1 将吉利丁片装入碗中，倒入适量清水泡至软，待用。
2 将细砂糖、清水、麦芽糖放入平底锅中，大火加热至糖完全溶化，改成小火熬煮成糖浆。
3 捞出泡软的吉利丁片沥干水分，装入小钢锅中，再隔热水搅拌至熔化。
4 将熔化的吉利丁液缓慢倒入做法2的平底锅中，边倒边用橡皮刮刀搅拌均匀。
5 关火，倒入柠檬酸、柚子汁，快速拌匀，制成QQ糖液，放凉至室温。
6 取模具，往模具上的凹槽内逐一舀入放凉至室温的QQ糖液。
7 将模具放入冰箱冷藏1个小时以上，取出脱模即可。

猫爪棉花糖

份量
16个

材料

蛋白…74克

细砂糖…47克

吉利丁片…5克

草莓汁…20毫升

粟粉…适量

清水…适量

做法

1. 往装有吉利丁片的碗中倒入清水。将蛋白倒入大玻璃碗中，用电动打蛋器搅打至九分发。
2. 平底锅中倒入细砂糖，用小火将其熬煮成糖浆。捞出泡软的吉利丁加入锅中，用橡皮刮刀搅拌至完全熔化。
3. 将平底锅中的材料缓慢倒入打发的蛋白中，边倒边用电动打蛋器快速搅打均匀，制成蛋白霜。
4. 取三分之一的蛋白霜装入小玻璃碗中，再加入草莓汁搅拌均匀，制成草莓霜。
5. 将草莓霜装入套有圆裱花嘴的裱花袋里，用剪刀在裱花袋尖端处剪一个小口。将剩余蛋白霜装入另一裱花袋里，用剪刀在裱花袋尖端处剪一个小口。
6. 取烤盘铺上一层粟粉，再在表面轻轻按压出数个凹槽。
7. 往凹槽内挤上蛋白霜，再用草莓霜点缀出可爱的脚掌造型。
8. 将烤盘放入冰箱冷冻约15分钟，取出冻好的棉花糖，再裹上薄薄的一层粟粉即可。

- 棉花糖的含糖量较高，吃多了容易长蛀牙，妈妈们注意要督促宝贝吃完后刷牙，保持宝贝的牙齿健康。
- 草莓汁还可以换成胡萝卜汁或者菠菜汁等蔬菜汁。